小布妞 编著

爱林博悦 主编

扭扭棒唯美古风手工饰品制作

满宫花

U0234236

人民邮电出版社

北京

图书在版编目（CIP）数据

满宫花：扭扭棒唯美古风手工饰品制作 / 小布妞编
著；爱林博悦主编. -- 北京：人民邮电出版社，
2021.5（2023.10重印）
ISBN 978-7-115-56181-7

Ⅰ．①满… Ⅱ．①小… ②爱… Ⅲ．①手工艺品－制
作 Ⅳ．①TS973.5

中国版本图书馆CIP数据核字(2021)第054673号

内 容 提 要

"山花插宝髻，石竹绣罗衣。"近年来，雅致的古风手工饰品越来越受到大家的喜爱。而扭扭棒，又称毛根，
是一种常见的手工材料。本书就为读者展示如何用简单的扭扭棒制作出唯美古风饰品。

本书一共分为六章。第一章为初识扭扭棒古风饰品，主要讲解用扭扭棒制作古风饰品的工具和材料，以及后
续的保存方法；第二章是扭扭棒古风饰品制作的基础手法；第三章至第六章分别是发簪、发钗、其他饰品和古风
小物的制作方法。本书案例丰富，由易到难，附赠配套视频，帮助读者快速上手。

本书适合手工爱好者和古风爱好者阅读。赶快跟随小布妞一起用扭扭棒制作属于自己的古风手工饰品吧！

◆ 编　著　小布妞
　主　编　爱林博悦
　责任编辑　刘宏伟
　责任印制　周昇亮
◆ 人民邮电出版社出版发行　北京市丰台区成寿寺路 11 号
　邮编　100164　电子邮件　315@ptpress.com.cn
　网址　https://www.ptpress.com.cn
　北京虎彩文化传播有限公司印刷
◆ 开本：787×1092　1/16
　印张：13　　　　　　　2021 年 5 月第 1 版
　字数：255 千字　　　　2023 年 10 月北京第 6 次印刷

定价：89.80 元

读者服务热线：**(010)81055296**　印装质量热线：**(010)81055316**
反盗版热线：**(010)81055315**
广告经营许可证：京东市监广登字 20170147 号

目 录

第一章

初识扭扭棒
古风饰品

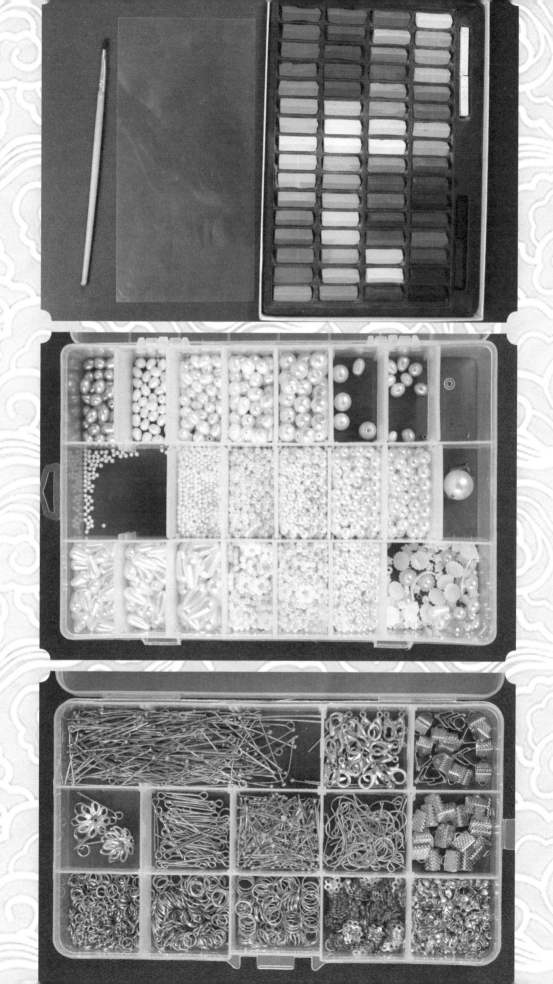

一 扭扭棒的介绍

扭扭棒是内置金属丝、外层有一圈羊毛或人造纤维毛的手工材料，本书用的是人造纤维的扭扭棒。

1 扭扭棒的种类

本书使用的是人造纤维的扭扭棒，直径分别是为 6mm、8mm 和 1cm 的 3 种型号扭扭棒。在制作扭扭棒作品时，需要依照花型大小选择扭扭棒的尺寸，其中直径为 6mm 的扭扭棒适合做小型花，其颜色丰富，可选择范围更大，且金属丝细小；直径为 8mm 的扭扭棒适合做中型花，比起直径为 6mm 的扭扭棒，此款扭扭棒可操作的空间更大；直径为 1cm 的扭扭棒适合做大型花，其绒毛更加厚长，适合做一些毛茸茸的花，这样的作品也会更可爱。注意，如果购买的扭扭棒绒毛稀疏，可以自己将其扭紧些。

6mm

8mm

1cm

2 扭扭棒使用说明

本书制作的古风扭扭棒作品以古风的代表性花草、动物、纹样为对象，其中有些作品需要其小巧，有些需要其扁平，有些需要其蓬松，依据不同的视觉效果需要选用不同的扭扭棒。

直径为 6mm 的扭扭棒细小且金属丝更细一些，夹平之后会更加平整。这种扭扭棒适合做一些需要处理细节的饰物或花瓣较平整的花，例如锦鲤、水仙等。

右上两图这类古风作品选择直径为 8mm 的扭扭棒进行制作，因为花瓣稍微大一些，但是又需要夹平整，最后还要修剪成葫芦形。如果用直径为 6mm 的扭扭棒，修剪后其形状不会太凸显，如果用直径为 1cm 的扭扭棒进行制作，则花瓣会偏厚。

直径为 1cm 的扭扭棒绒毛厚实蓬松，这种扭扭棒适合做花瓣很少、花型偏大饱满一些的作品，例如菊花、芍药等。此外，还可以做一些外形简单、圆润的小动物。

二 扭扭棒古风饰品制作使用材料的介绍

1 必备材料

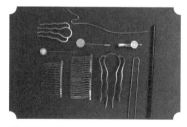

饰品主体

用于固定扭扭棒作品，材质主要有铁、铜和木等。铁质的材料价格较为便宜，缺点是容易氧化，看上去没有那么精致，适合新手练习使用；铜质的材料比较精致，相对铁质的而言不易氧化，价格也要贵一些，颜色分为 KC 金、白 K 金、青铜色、金色、银色，其中金色和银色的材料容易氧化，所以不用的时候要放到密封袋里。

金属配件

金属配件主要有 T 字针、开口圈、9 字针、圆头针、链条等，用途是连接小珠子或流苏等。

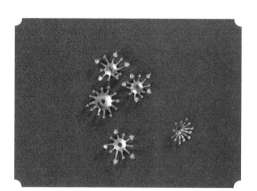

金属花托

常用于配合戒面贴片或小珠子等当作花蕊。

铜丝

其中最常使用的是直径为0.2mm、0.3mm、0.4mm、0.5mm的铜丝。直径为0.3mm的铜丝多用于固定组合一些小珠子，直径为0.5mm的铜丝常用于做一些特殊造型，如麋鹿的角或锦鲤的鱼鳞等。

绒线

用于缠绕主体或花瓣打结，没有弹性，分为哑光和高亮绒线，相比qq线更有光泽、更顺滑，也更容易滑线，但缠好后的效果比qq线更有档次。颜色多种多样，常用的是绿色、棕色。

qq线

用于缠绕主体或花瓣打结，有一定弹性，不容易炸毛，绑到一半松手也不容易全部滑线，推荐新手使用。常用的颜色是棕色和绿色。

珍珠

分为人造珍珠和天然珍珠，通常使用带孔的，配合铜丝制作成花蕊或局部点缀，直径从1mm到1cm以上的都有，形状有圆形、椭圆形、水滴形等，根据需要选择即可。

胶水

虽然干得较慢、容易拉丝，但是因为前端为针形，非常利于在小的地方使用，而且干后痕迹也不是很明显。

石膏花蕊

几小根组合当作花蕊，分为珠光哑光、尖头圆头等，颜色有粉色、白色、黄色、红色等。一般直径为1mm和2mm的白色和黄色的花蕊用得多一些。

提示

以上是必备的材料，如果你还不确定要不要进入这个领域，推荐大家购买新手材料包先试试手，你所需要的一些必备的工具及材料里面都有，如果想进一步深入再分开购买更丰富的材料。另外，购买的时候一定要看尺寸哦！接下来介绍一下本书用到的可选材料。

2 其他材料

彩色金属丝

用于局部装饰或制作特殊花蕊，如彼岸花的花蕊。

金线

用于制作特殊花蕊。

鱼线

用于制作特殊花蕊或制作流苏。

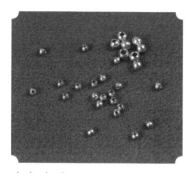

金色小珠

用于局部装饰。

钢丝

当缺少一些特殊的主体的时候，可以用钢丝弯出主体或配合已有主体衍生出新的主体。

弹簧

用于实现有晃动感的特殊效果，如蝴蝶的触须。

各色珠子

有很多种材质，如塑料、水晶、玉石等，直径从 1mm 到 1cm 以上不等，一般用 1cm 以下尺寸的偏多，作为流苏装饰和花蕊来使用。

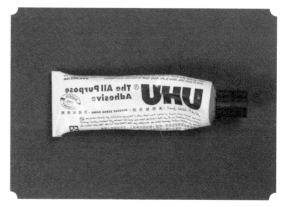

UHU 胶水

用于粘贴大件的物体，如将花朵整体粘贴在胸针配件上，由于干得较慢，因此涂好胶后，需静置一段时间。

三 塑形工具的介绍

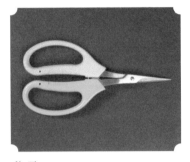

剪刀

修剪扭扭棒上的绒毛，使用前端尖头的剪刀即可，但前端整体向内弯的剪刀会更容易修剪出好看的弧形。再好的剪刀使用久了也会钝，所以建议大家遇到好用的剪刀时多买两把哦。

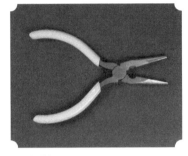

尖嘴钳

用来夹紧一些弯折的部分或需要闭合的部分，还可以帮助你捏住一些细小的部分。

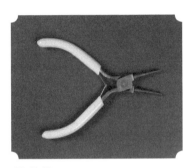

圆嘴钳

用于弯折9字针或T字针等，也可以用来调整作品的局部形状。

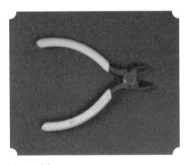

斜口钳

用于剪断扭扭棒或金属配件。

镊子

用于夹取小珠子，也用于调整局部造型，因为过多地用手去调整扭扭棒，容易将绒毛压扁。

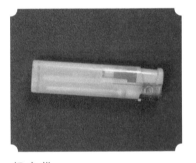

打火机

快速熔断一些多余的绒线浮毛。

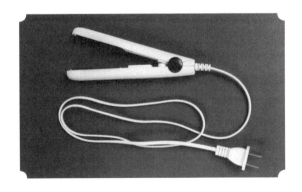

夹板

用于夹平扭扭棒，注意温度不宜过高，夹的时候从一端开始夹，过程中不要放开夹板。一截一截地夹容易将绒毛弄乱。

四 上色工具与材料的介绍

本书使用了两种上色方式，一是色粉上色，二是颜料上色。其中色粉上色很容易掌控，可多次叠色加深，也可做渐变，只是颜色不好保留；颜料上色需要先夹平扭扭棒，否则绒毛容易粘连。

色粉、亚克力板、笔刷

如果是新的色粉，要先将外面的一层保护膜刮掉，否则涂不出颜色。色粉可以直接用手拿着在扭扭棒上涂抹，但这样出来的效果往往不够均匀和好看，所以我一般是将色粉刮下来放到一个亚克力板或其他板子上，再用笔刷蘸取色粉来进行上色。

上色时注意事项如下。

1. 色粉一定要搓进绒毛的缝隙里，不要只在表面涂抹。

2 上色后要抖去多余的浮粉。

3. 颜色如果不够深可反复上色。

4. 最后确定效果后，喷上发胶保护颜色。

金色颜料、勾线笔

颜料上色通常在夹平扭扭棒后进行，因为给圆形扭扭棒上色的时候，绒毛容易粘连在一起，还需要反复去吹干和梳理，比较麻烦。上色的时候因为颜色会自由地在绒毛间相互串走，所以自然过渡的同时，如果颜料的水分没有掌握好就容易出现上色过度的情况，但是颜料上色的好处是不容易掉色。

五 作品的保存

本书作品都为色粉上色，为了更好地保存作品的颜色，我们在上色之后为作品喷上发胶，保护颜色，使其不褪色。

色粉上色之后，一手拿作品，可稍微放低一些，一手持发胶置于作品上方，开始喷发胶，喷发胶的时候可转动作品，让发胶均匀分布在作品上。

第二章

扭扭棒古风饰品制作的基础手法

一 手法一 编

编，是指通过扭扭棒之间的有序排列制作出图形。编的手法在扭扭棒手工中是一种基础手法，本书中最常用到的是编半圆形和圆形，下面演示一下编法。

1 编圆形

用平铺绕线的方法，先圈一个圆形，在圆形框架上平铺绕线，就可以编出圆形了。如果想做其他形状，在制作框架时改变形状即可。

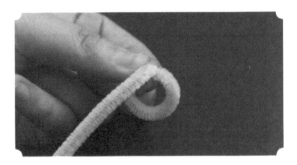

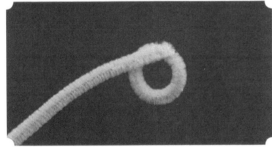

01 先根据自己的需要编一个圈，然后将相交的地方扣紧。将扭扭棒较长一端向左边平拉，挡住圆圈。

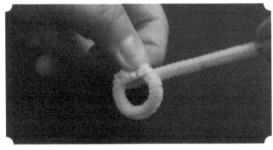

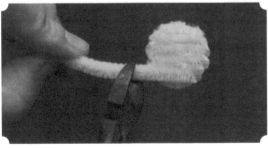

02 将扭扭棒较长一端向后绕到前面再次折回，重复来回绕，直到将圆圈全部遮挡住，将多余的扭扭棒剪去。

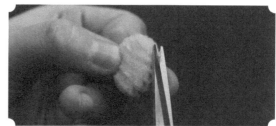

03 将收尾的地方直接扣进圆里就可以了，用
   剪刀修剪多余的毛边，使形状更规整一些。

2 编半圆形

编半圆形是用平铺加线的方法，将扭扭棒弯曲成弧形并固定在一根直扭扭棒上，由内向外逐渐变
大，形成一个半圆形。

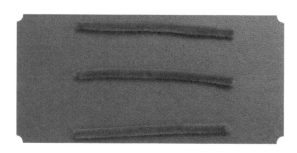

01 准备 3 小根蓝色扭扭棒，取其中一根将其一端折出一个小弯钩，将其扣在另一根扭扭棒上。

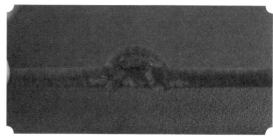

02 顺势弯出弧形，注意不要留白，剪去多余的扭扭棒，将尾端扣在扭扭棒框架上。

03 找一根比之前颜色浅一点的蓝色扭扭棒，用相同的方法做第二圈弧形，注意不要露白。按以上方法依次用逐渐变浅的蓝色和白色扭扭棒编出一个半圆的弧形。

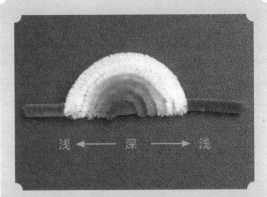

浅 ← 深 → 浅

云纹用了5种颜色做渐变，由内向外分别是钴蓝色、群青色、天蓝色、浅蓝色、白色。

04 全部做好后，将扭扭棒框架多余的部分剪去，将尾端向后面扣紧，修剪多余绒毛，使形状更加规整。

二 手法二 修剪

在扭扭棒制作中，修剪可在作品制作之前或之后，制作之前修剪是为了将多余的绒毛修剪掉，让扭扭棒呈现你所需要的形状；在作品制作完成后进行修剪，可以将作品表面不顺或多余的绒毛修剪掉，让作品更完美。

1 修剪扭扭棒形状

修剪扭扭棒形状是在制作形状之前进行的，一般分两种情况：一是将绒毛修剪干净，留下金属丝，这种修剪是为了留出组合作品时捆绑在一起的位置；二是修剪绒毛的长度，使其改变原有的外形以作为作品部件，如花瓣、叶片等。

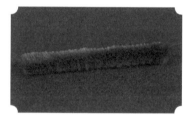 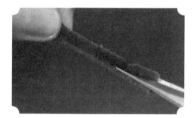 

情况一

将扭扭棒下端所有绒毛修剪干净，剪刀贴近金属丝修剪绒毛，将多余绒毛修剪干净，留下金属丝。注意，如果在组合作品时，扭扭棒过粗，可以将金属丝上的绒毛都扯干净。

情况二

修剪绒毛形状时，需一边修剪一边转动扭扭棒。注意，剪刀的倾斜角度不同，修剪出来的效果也不同。如右图，图中扭扭棒右端为剪刀与扭扭棒的角度更大修剪出来的效果，形状显得更饱满；左端为剪刀与扭扭棒的角度更小修剪出来的效果，形状显得更细长。

2 修剪扭扭棒作品

如果想要做好的叶子或花瓣等的形状更凸显或更精致，就需要用剪刀修剪做好的叶子或花瓣上一些冒出来的绒毛，一边修，一边从不同方向来观察形状是否达到自己满意的程度。

  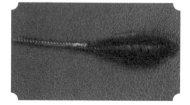

三 手法三 扭

扭是用双手或钳子等工具将扭扭棒扭转、弯曲，改变扭扭棒原有形态的手法。扭在古风扭扭棒的手工制作中，可用于制作水纹、云纹和吉祥的中国结。

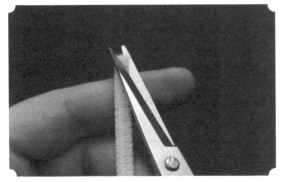

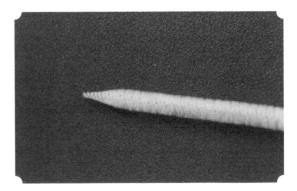

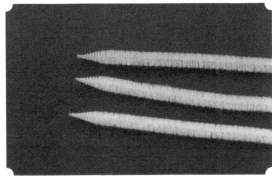

01 分别取白色、浅蓝色、深蓝色3根扭扭棒，将前端剪成尖头。

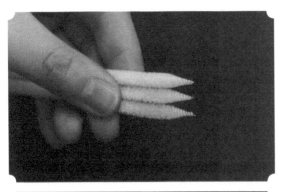

02 用尖嘴钳将前端扭在一起，使其不松开。如果还是会松开可以用胶水点一下。

03 始终保持 3 根扭扭棒平行的状态，扭曲扭扭棒，剪去多余的扭扭棒。

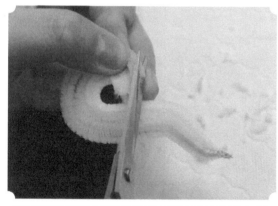

04 用剪刀将尾端精准修剪，使断口为尖头，用尖嘴钳将 3 根扭扭棒的尾端扭在一起即可。

四 手法四 夹

该手法需要用到夹板，这样的操作是为了让扭扭棒呈现扁平状，再制作扭扭棒作品，该手法在古风扭扭棒作品中一般用于花瓣的制作。

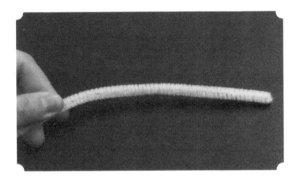

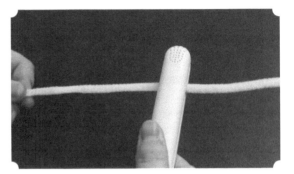

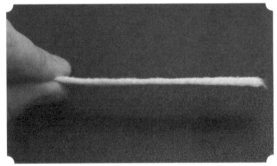

准备没有锯齿形状的平夹板，预热后从尾端夹住扭扭棒，等待几秒钟后慢慢向后拉动扭扭棒。途中不要放开夹板，如果放开又换一个地方夹，则会使绒毛不整齐。

五 古风纹样的制作手法

我们了解了以上 4 种基础手法，接下来我们用基础手法做一些简单好看的古风纹样，再用古风纹样做出精美的饰品。希望大家看过教程之后也能够自己动手制作，并有更多的创新。

1 彩云挂月

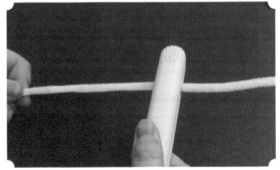

01 编一个圆形做好月亮后，用夹板将白色扭扭棒夹平备用。

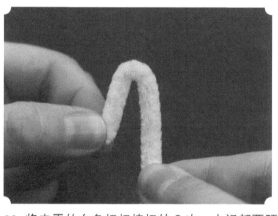

02 将夹平的白色扭扭棒扭转 3 次，中间都要预留一定的空间，最后剪去多余的扭扭棒。

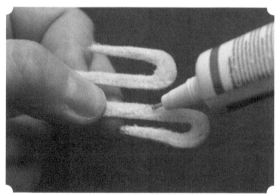
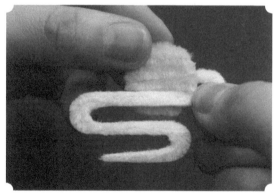

03 修剪白色扭扭棒两端的绒毛，将两端修剪成尖头，在中间涂胶并将扭扭棒粘贴在月亮上，完成云彩挂月的效果。

2 古风云纹

01 编3个渐变的蓝色半圆形作云朵，一朵大一些，两朵小一些。在云朵背面涂胶并依次粘贴组合，一个遮挡一个，显得更有层次一些。

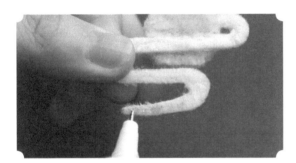

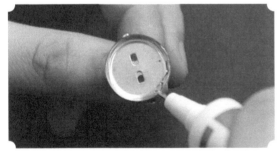
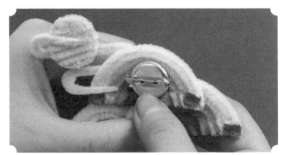
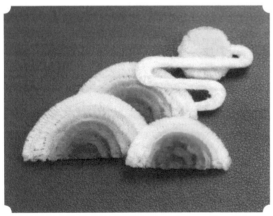

02 在做好的云彩挂月和胸针配件上涂胶，将月亮粘贴在云纹前，再将胸针配件粘贴在云朵后，具有传统纹样的胸针就制作完成了。

3 古风水纹

这里用到了上色，上色的方法有两种，一种是色粉上色，另一种是颜料（丙烯、水彩）上色。色粉更容易上色且过渡更自然，而颜料上色需要吹干，操作更麻烦，但是不容易掉色。本书作品全部使用色粉上色的方法，最后喷一些发胶以保持颜色。

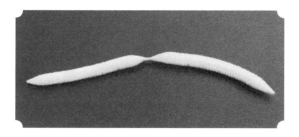

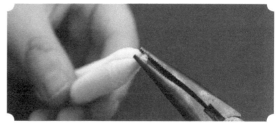

01 修剪好扭扭棒后，在最细的地方将其对折，对折后的位置会有点宽，这个时候要用尖嘴钳将对折的地方扭紧，让中间没有缝隙。

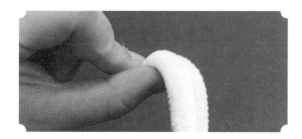

02 左手捏住合拢的一端，向下弯曲，右手将尾端向上向内卷曲。

03 将两根向回卷的扭扭棒上下并排整理好后，将下面那根扭扭棒的最前端藏在上面那根的后面，如果藏好后还是会掉，用胶水点一下就能粘牢。

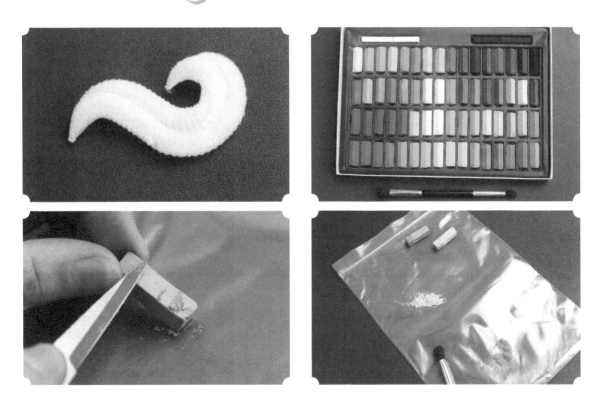

04 选取自己喜欢的颜色，如果要大面积上色，则需要用尖锐的东西将色粉多刮一些下来，如果只是小面积上色，则直接用笔刷蘸取色粉即可。

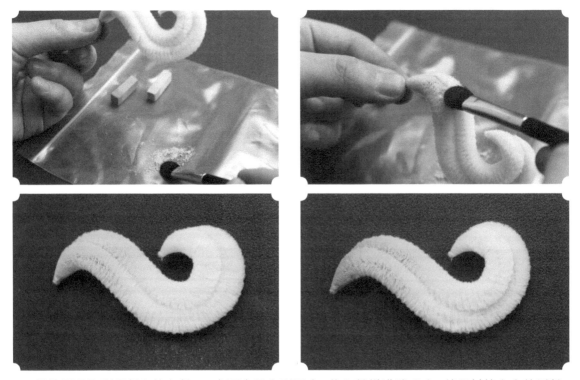

05 用笔刷蘸取所需颜色的色粉，一定要来回多刷两次，将色粉搓进绒毛内，然后抖掉多余的浮粉，进行下一个颜色的上色。

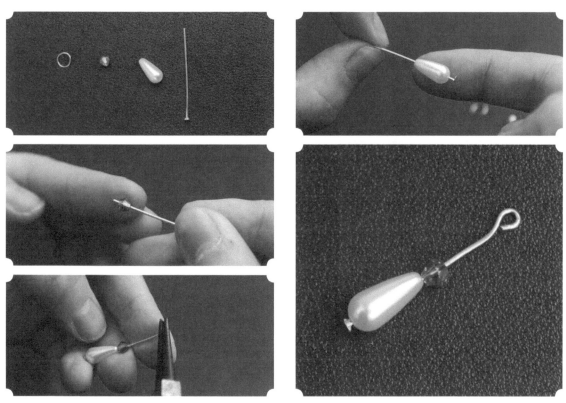

06 将 T 字针依次穿过水滴形珍珠、蓝色小珠后，将其末端用圆嘴钳弯出小钩。

07 将开口圈穿过小钩再穿过扭扭棒合拢的一端，古风水纹就制作完成了，最后也可在后面粘一个胸针配件变成胸针哦。

4 中国结

 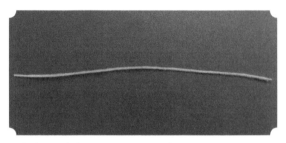

01 取蓝绿色扭扭棒，对其绒毛进行修剪，这里不要全部修剪完了，可适当留粗一点。

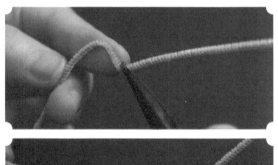

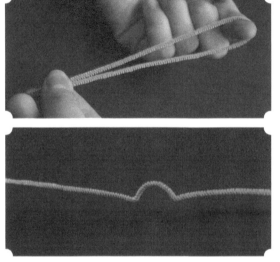 

02 找到扭扭棒中心点后，用尖嘴钳弯出半圆形状，再扭出一个螺旋纹，注意左右对称。

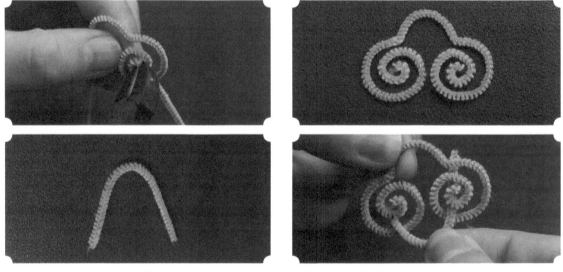

03 剪去两端多余的扭扭棒，下端补一根扭出半圆弧度的扭扭棒，从前向后穿过螺旋纹状扭扭棒的最下端。

04 从背后扣住后，剪去多余的扭扭棒就完成制作了。

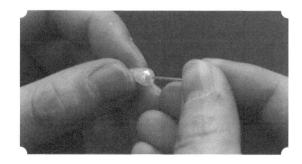

05 准备一根 T 字针和一颗水滴形珍珠，用 T 字针穿过水滴形珍珠，末端弯出小钩。用相同的方法再做两个。

06 准备 3 个开口圈，将开口圈穿过扭扭棒最下端后，再挂上水滴形珍珠，用尖嘴钳捏合开口圈，分别挂好 3 颗珍珠就完成中国结的制作了。

第三章

簪花扶鬓
发簪的制作

一 蜡梅软簪

前期准备

黄色和棕色 qq 线、直径为 8mm 的中黄色扭扭棒、直径为 6mm 的棕色扭扭棒、圆嘴钳、铜丝、钢丝、剪刀、胶水、金线、夹板

制作演示

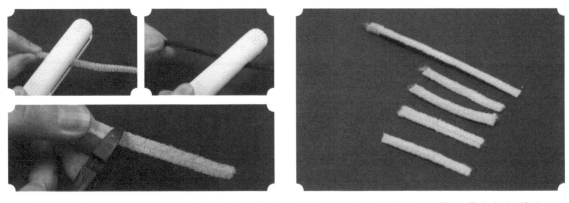

01 用夹板将中黄色和棕色的扭扭棒夹扁,剪出 4 根长 4cm 和一根长 7cm 的中黄色扭扭棒备用。

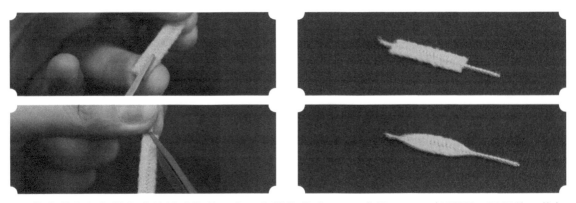

02 将中黄色扭扭棒两边的绒毛修剪干净,大概修剪成 5mm 宽及 1.5cm 长即可;再用剪刀将扭扭棒斜剪成如图所示的形状。

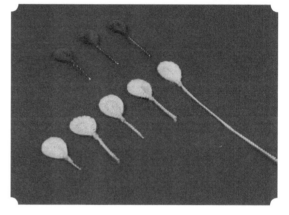

03 截取 3 根长 3cm 的棕色扭扭棒,用相同方法修剪好以备用;将准备好的扭扭棒反卷成花瓣形状后,用同色系的 qq 线分别绑紧,像一把把小扇子。

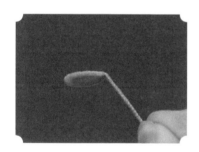
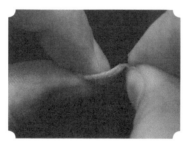
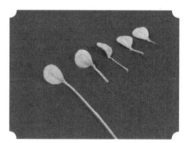

04 将制作好的花瓣弯折 90°,再用手指将花瓣弯出弧形,使其像汤勺一样。

05 先将金线来回缠绕成周长约为 8cm 的金线圈,捏住金线圈中间,再将金线圈对折,并用铜丝从中间穿过,再扭紧固定。

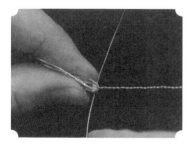

06 取一截铜丝从金线圈底部将其合拢扭紧,剪去多余铜丝。

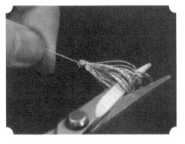

07 用剪刀将金线圈从中间剪开，再将顶部位置修剪成花蕊状。

08 依次加入 5 片黄色花瓣，用 qq 线绑紧。

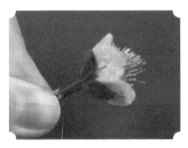

09 花朵外圈加上 3 片棕色花托，一边添加一边用 qq 线绑紧，并在左右末端打结，剪断线头涂
胶固定即可。

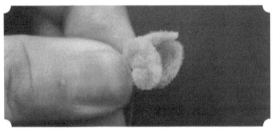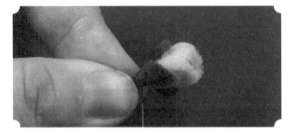

10 花苞的做法与花朵相同，只用 3 片花瓣即可，最后用圆嘴钳调整花瓣的弧度，制作出花苞的
形态。

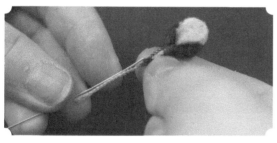 

11 开始组合花苞和花朵。这里讲一个小方法，如果花苞下端的扭扭棒预留不够长，可以剪一截铜丝或钢丝加入花苞下端，连同花苞原本的扭扭棒一同捆绑即可，这个方法同样适用于加固花朵下方的枝条。

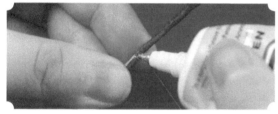 

12 在花苞枝条 4cm 左右处添加花朵，涂胶固定，将枝条合并一同捆绑后，根据自己所需的长度剪去剩余的扭扭棒及钢丝。

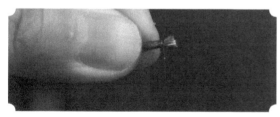 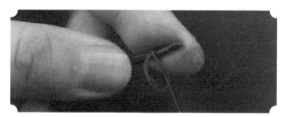

13 将 qq 线绑到枝条末端，再涂胶固定，继续往回绑一截，打结并剪去多余线头，最后涂胶固定即可。

61

二 木兰木簪

前期准备

直径为 8mm 的紫色扭扭棒、
白色 qq 线、黑色 qq 线、斜
口钳、木质发簪、胶水、橘粉
色椭圆珍珠、球针

制作演示

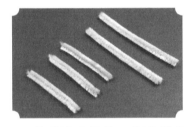  

01 修剪出 3 根 5cm 和 3 根 8cm 长的紫色扭扭棒，分别从中间位置斜着剪出如图所示的形状后，
再将两端修剪干净。

02 从中间对折扭扭棒后，用斜口钳将扭扭棒一端剪短一些，用白色 qq 线进行捆绑，最后右手
绕一个圈后套入花瓣进行打结。

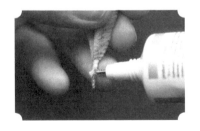 

03 拉紧线头后，用剪刀剪去
多余的 qq 线，在线头上
涂胶粘贴牢固。

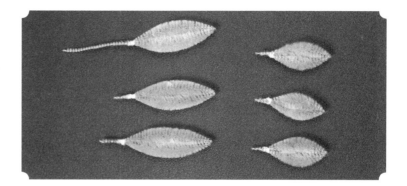

04 用同样的方法完成 8cm 长的长花瓣。

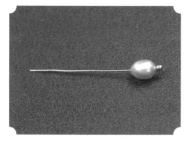  

05 将球针穿过珍珠，再把短花瓣下端弯折，将花瓣与珍珠靠拢组合。

06 先用白色 qq 线将 3 片小花瓣绑在中间，再将长花瓣放到短花瓣缝隙中进行组合。

07 将白色 qq 线缠绕到花瓣组合下 1cm 左右处打结，剪去多余线头，并涂胶固定。

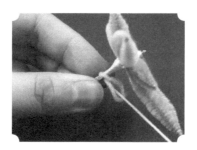 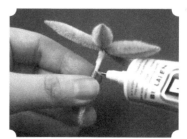

08 整理花型，使中间的小花瓣两瓣向内弯，一瓣向外弯。

09 将长花瓣整理成波浪形，一朵木兰花就制作完成了。

10 用斜口钳修剪木兰花下面过长的扭扭棒，弯折后在木簪上确定好位置。

 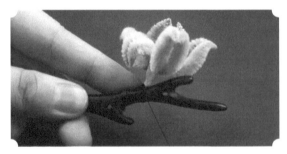

11 用黑色 qq 线缠绕拉紧，直到遮盖住全部扭扭棒，遮盖完后打结。

12 剪去多余线头，在线头上涂胶粘贴防止脱落。至此，木兰木簪就做好了。

三 秋菊发簪

前期准备

直径为1cm的淡黄色扭扭棒、
直径为1cm的绿色扭扭棒、
直径为1cm的姜黄色扭扭棒、
木棍发簪、绿色绒线、斜口钳、
胶水、剪刀、圆嘴钳

制作演示

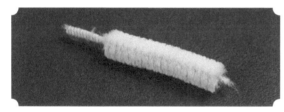
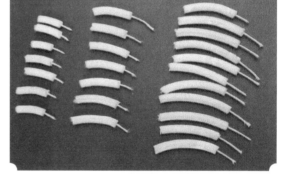

01 用斜口钳和剪刀修剪出3cm长和5cm长
   的淡黄色扭扭棒各7根，再修剪出11根
   7cm长的淡黄色扭扭棒，将扭扭棒下端
   1~1.5cm位置的绒毛全部修剪干净。

02 用剪刀把扭扭棒两端倾斜
   修剪成橄榄形，将所有的
   扭扭棒都修剪好。

03 从最短的花瓣开始组合，
   将所有短花瓣缠绕捆绑在
   一起。

04 外圈添加第二长的花瓣，最外圈添加最长的花瓣。花瓣的多少可根据自己的喜好自由调整。

05 整理花朵形态，从最里面的花瓣开始，将花瓣向内扣成一个小包子的造型，继续整理第二层和第三层。

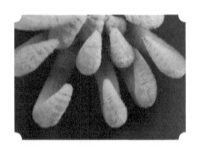

06 用圆嘴钳将每片花瓣的顶端尖尖的部分轻轻向内扣，这样可以防止扭扭棒的绒毛脱落，同时也可以防止花瓣顶端的金属丝钩住头发。用同样的方法做一朵姜黄色小菊花。

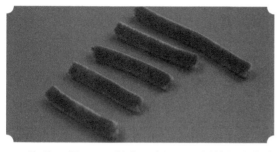
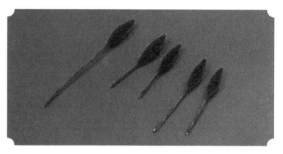

07 修剪 1 根 7cm 长和 4 根 4cm 长的绿色扭扭棒，用剪刀把一头修剪尖，中间预留 2cm 左右，
另一头全部修剪干净，用作叶子。

08 组合叶子，中间用 7cm 长的扭扭棒，两边依次添加两根 4cm 长的扭扭棒，一边添加一边
捆绑。

09 将叶子组合下端绕紧后，剪去多余的扭扭棒，留一根长的扭扭棒，再用绿色绒线将其全
部绕线覆盖，在末端打结固定。

10 用剪刀剪掉多余的绒线，在线头上涂胶固定。

11 调整两边的扭扭棒，向中间的扭扭棒靠拢，形成一片叶子。制作小一点的叶子的减少扭扭棒的数量即可。

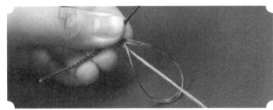

12 给小菊花添加小叶子后，用绿色绒线将其缠绕拉紧，在末端打结固定。

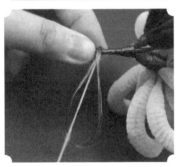

13 在小菊花花枝的6~7cm处添加大菊花及大叶片，并用绒线将它们的枝条缠绕在一起。

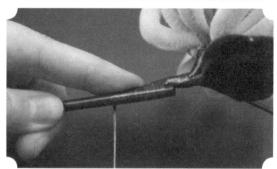

14 花朵下端预留 3cm 左右的枝条，剪去多余的扭扭棒后与木棍发簪组合，用绒线将它们缠绕在一起，直至所有扭扭棒都包裹好。

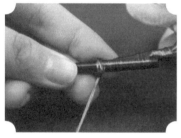

15 打结后剪去多余绒线，在线头上涂胶固定尾端，调整叶子和花的形态即可。

四 彼岸花发簪

前期准备

夹板、红色铁丝、红色米珠、
斜口钳、剪刀、绿色绒线、
胶水、直径为 6mm 的红色扭
扭棒、直杆发簪、红色 qq 线

制作演示

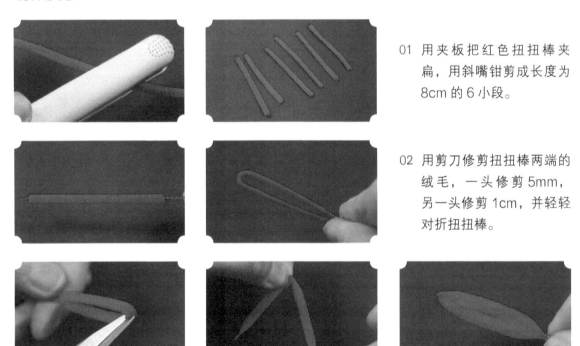

01 用夹板把红色扭扭棒夹
扁，用斜嘴钳剪成长度为
8cm 的 6 小段。

02 用剪刀修剪扭扭棒两端的
绒毛，一头修剪 5mm，
另一头修剪 1cm，并轻轻
对折扭扭棒。

03 找到扭扭棒的中间点后，用剪刀做个记号，打开扭扭棒修剪两头，使其变成橄榄形，修剪好
后对折捏住。

04 用红色 qq 线将下端绑紧并打结，剪去多余线头并涂胶固定。

  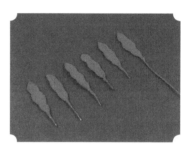

05 将制作好的花瓣用剪刀修剪为波浪形，用相同的方法制作 6 片。

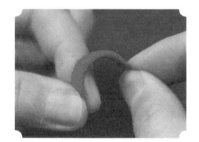 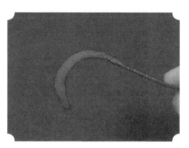 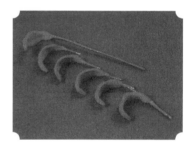

06 用手指弯曲花瓣，将剩余花瓣弯好。

 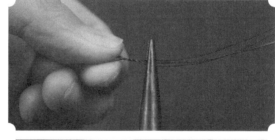

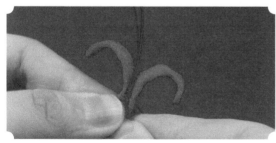 

07 修剪 3 根 8cm 左右的红色铜丝，用尖嘴钳将它们的下端扭紧作彼岸花的花蕊，再用花瓣包裹住花蕊，一边添加花瓣一边用红色 qq 线绑紧。

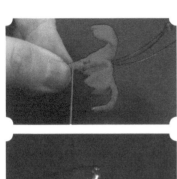

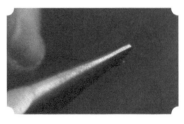

08 花朵下端用红色 qq 线绑紧，将红色铜丝前端弯折出一个小钩后压紧，形成一个小疙瘩，在小疙瘩上涂胶后放入红色米珠。

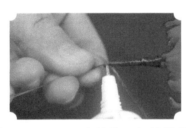
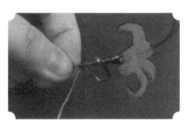

09 用绿色绒线缠绕红色花朵底部，至 3cm 左右的位置打结并剪去多余线头，再涂胶固定。

10 用同样的办法再制作 6 朵小花备用。

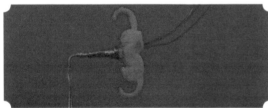

11 将小花尾部弯折 90° 后，一个挨一个地组合在一起，一边组合一边用绿色绒线绑紧。

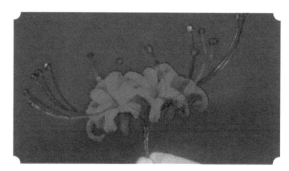

12 用斜口钳剪去花枝下端多余部分，预留 4cm 左右即可。

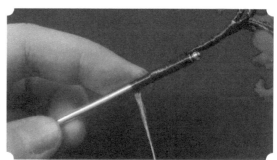

13 将发簪主体与彼岸花组合，绑到 4cm 左右
   即可涂胶、打结固定。

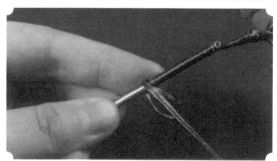

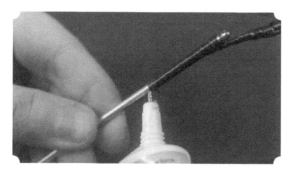

14 剪去多余绒线并涂胶固定线尾，彼岸花发
   簪就做好啦。

五 牡丹发簪

前期准备

直径为 1cm 的绿色扭扭棒、直径为 1cm 的肉色扭扭棒、夹板、橙色色粉、笔刷、斜口钳、尖嘴钳、剪刀、黄色石膏花蕊、胶水、绿色绒线

制作演示

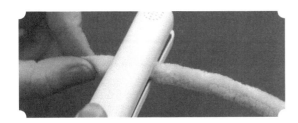

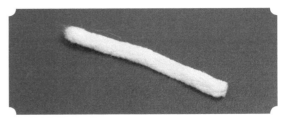

01 用夹板将肉色扭扭棒夹平，再截取 6cm 左右长的小段。

02 用剪刀把两端 1cm 处的绒毛修剪干净，再将两端修尖。

03 将扭扭棒两端捏拢，用绿色绒线绑紧打结。剪去多余绒线，在线头上涂胶固定，花瓣就做好了。

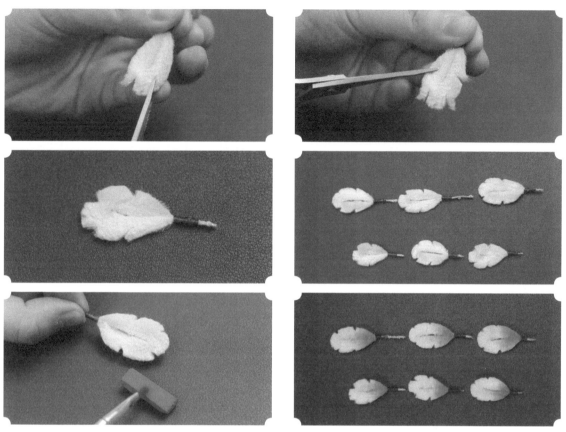

04 用剪刀在花瓣前端和两侧各剪两刀，用手将浮毛整理掉，形成自然小口，完成花瓣的制作。用同样的方法准备大、中、小3个型号的花瓣，用笔刷在花瓣下端刷上橙色色粉，使其形成向上渐变的效果。

05 取5根左右的黄色石膏花蕊，对折后用铜丝捆绑扭紧。

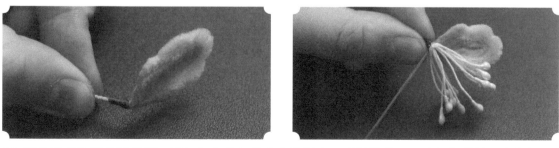

06 用尖嘴钳弯折花瓣底部，再加入花蕊与最小花瓣组合，用线缠绕，一边添加花瓣一边绑紧。

07 从最小花瓣开始组装，中间为 5 片最小花瓣，外圈逐一添加稍大的花瓣，花瓣的数量可根据
喜好决定。这里添加了 4 层，一层最小花瓣，两层中号花瓣，一层最大花瓣。

08 用手整理花瓣使其向内卷曲，让花瓣呈现环抱状。

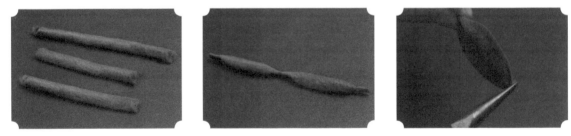

09 用夹板将绿色扭扭棒夹扁后截取两根 6cm 长的扭扭棒，一根 8cm 长的扭扭棒。开始修剪，
如图修剪后从中间对折，将其对折处用尖嘴钳捏紧。

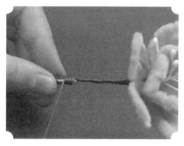

10 末端用绿色绒线绑紧，准备好两小一大 3 片叶片后，按照小、大、小的顺序进行组装，再用绿色绒线把它们缠绕拉紧，最后绑至 3cm 左右的位置打结并涂胶粘牢，完成叶子的准备。

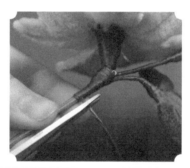

11 准备一朵小一点的牡丹，一边组装一边用绿色绒线拉紧捆绑。

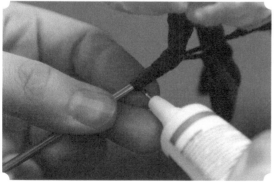

12 当所有扭扭棒都被包裹后，将绿色绒线打结并剪掉多余线头，涂胶粘牢，最后调整花型，牡丹发簪就制作完成了。

六 山茶发簪

前期准备

金色绒线、蓝色和红色 qq 线、
胶水、夹板、尖嘴钳、斜口钳、
剪刀、直径为 0.2mm 的铜丝、
直径为 6mm 的红色扭扭棒、
直径为 6mm 的深蓝色扭扭棒、
金属花托、金属花蕊、馒头珍
珠、直径为 3mm 的小珍珠、
红色小珠、直杆发簪

制作演示

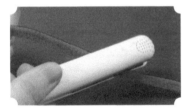
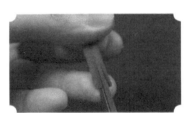

01 用夹板将红色扭扭棒夹平，再用剪刀修剪成上面第 3 张图所示的模样，3 根扭扭棒的长度分
别为 4cm、5.5cm 和 8cm。

02 反卷扭扭棒，这里注意两
点：一是中间要形成弧形；
二是侧面一定要合拢，使
花瓣有一个自然的弧度。

03 用红色 qq 线将下端绑紧，打结并剪去多余线头，再用胶水将线头粘牢即可。用相同的方法
分别完成 3 个型号花瓣的制作。

04 准备金属花蕊和馒头珍珠，用胶水把馒头珍珠粘贴到金属花蕊中间，再用铜丝穿过相立的两根花蕊的下端。

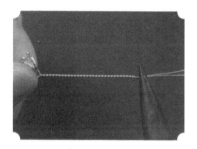

05 用尖嘴钳将铜丝扭紧，再穿过一个金属花蕊让花蕊更密集好看一些。调整两层花蕊，外圈向外打开一些，内圈包裹住珍珠。

06 在花蕊周围重叠添加最小的 5 片花瓣，一边添加花瓣一边用红色 qq 线绑紧。

07 逐一添加大花瓣，注意下一瓣要压住上一瓣的一部分。

08 这里先用 qq 线的原因是 qq 线容易拉紧一些，剪去多余的 qq 线。再用金色绒线遮盖下端位置，这样既好看又很牢固。

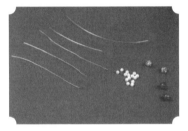  

09 制作珍珠小花。准备金属花托、红色小珠、直径为 3mm 的小珍珠及铜丝，打开金属花托。

 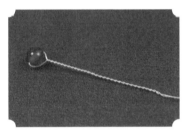 

10 用铜丝穿过红色小珠后将铜丝下端扭紧，再穿过金属花托中心。

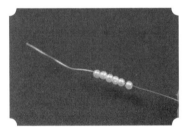  

11 用铜丝串 6 颗直径为 3mm 的小珍珠，收尾处将铜丝卷在一起，使小珍珠形成一个圈，变成花瓣。

12 在花蕊下方依次添加 5 瓣珍珠花瓣，下端用金色绒线绑紧，用斜口钳剪去多余枝条。

13 用金色绒线绑 3cm 左右，剪断多余绒线并打结绑紧，再涂胶粘贴牢固。

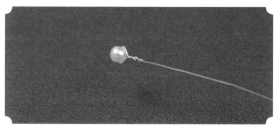

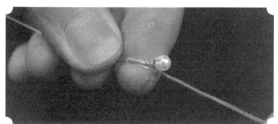

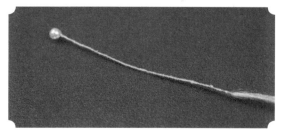

14 用铜丝穿过珍珠后在铜丝下端取一小截扭
紧，涂胶粘贴金色绒线开头的位置，防止
绒线脱落，将绒线缠至 8cm 处即可收尾。

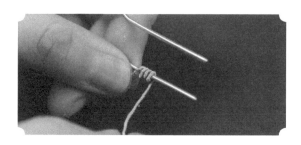
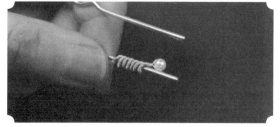

15 把包裹好的铜丝在一根小棒上绕圈，再取
下来并拉开，变成弹簧形态。

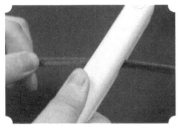 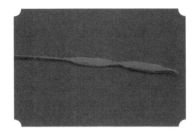 

16 用夹板将蓝色扭扭棒夹扁之后，用剪刀把扭扭棒修剪成上面第3张图的模样后对折。

17 扭扭棒下端用蓝色 qq 线绑紧，用相同的方法再制作两片，将3片叶子依次组装，再绑紧并打结粘牢。

18 依次组装所有花和叶子，注意留出可调节的枝条长度。

19 用金色绒线向下缠绕捆绑，在最后的位置拉紧打结。

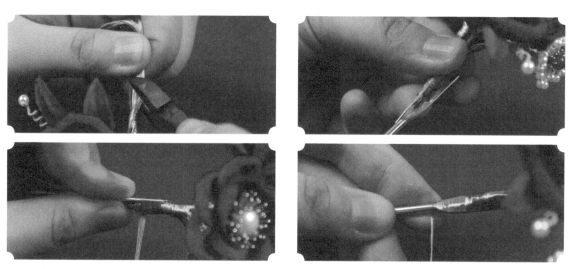

20 选择自己所需的发簪主体，确定好长度后将多余的花枝及绒线修剪掉，用绒线绑紧发簪主体及花枝。

21 绑到一定长度后，剪去多余绒线，打结并涂胶粘贴尾端，调整花型，完成山茶发簪的制作。

第四章

翠翘云鬓
发钗的制作

一 梨花发钗

前期准备

直径为 1cm 的白色扭扭棒、白色 qq 线、草绿色色粉、笔刷、波浪 U 形钗、白色石膏花蕊、直径为 0.2mm 的铜丝、尖嘴钳、斜口钳、胶水、剪刀

制作演示

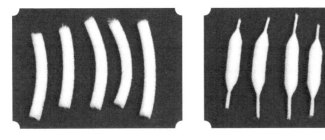 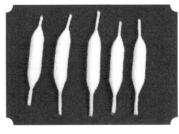

01 剪出 5 根 7cm 左右长度的扭扭棒，先将两头 1cm 左右位置的绒毛全部修剪干净，再用剪刀斜着修剪绒毛，剪成两头尖的形态备用。

02 将修剪好的扭扭棒对折捏拢，并用斜口钳将一端剪短，防止一会儿捆绑的时候下端过粗。再用白色 qq 线在底端顺着一个方向缠绕拉紧。

   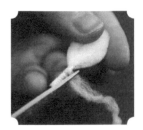

03 绑到一定程度后用右手打一个圈将花瓣套入，拉紧 qq 线绑成一个结。多绑两个结后留 3mm 左右剪去多余的 qq 线。

04 在线尾涂胶粘牢防止脱落，用同样的方法
  完成 5 片白色花瓣的制作。

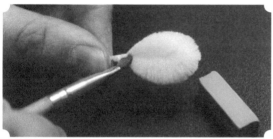

05 用笔刷蘸取草绿色色粉刷在花瓣底部，弯
  折下端准备组装。

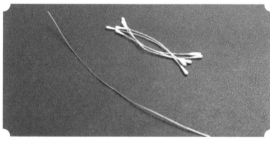

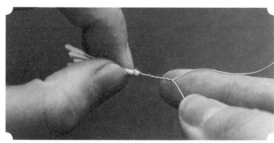

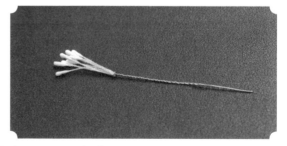

06 取 5 根左右白色石膏花蕊和一段铜丝，对折花蕊后将铜丝穿过花蕊中间，再扭紧铜丝完成花
  蕊的制作。

07 将白色花瓣与花蕊底部对齐，用 qq 线捆绑，一边拉紧一边添加剩下的花瓣，最后用 qq 线反复缠绕至所有花瓣下端的铜丝都被包裹住，打结，用胶水粘牢末尾。

08 用手指调整花瓣使其向内扣，调整花型。

09 制作花苞，准备 3 片花瓣，先将两片花瓣底部对齐并用 qq 线捆绑，继续加第三片花瓣，将下端铁丝反复缠绕固定。

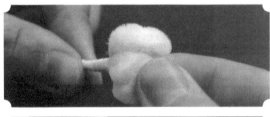 

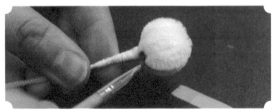 

10 用手将花瓣向内扣，形成一个包子的形态，在花苞底部增添一些草绿色色粉。

11 准备好两朵花及一朵花苞后，从花苞开始绕线，然后添加一朵花向下绕线固定组合。

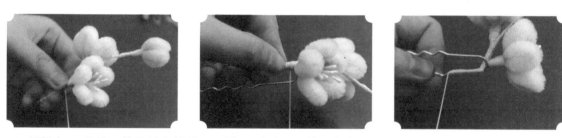

12 再添加一朵花，将花枝与波浪 U 形钗用白色 qq 线反复捆绑，一定要拉紧哦！

13 将所有花的铜丝都包裹起来后，如果花朵下方的铜丝太长可适当修剪，预留一段 qq 线，将线剪断，在发钗主体上打结拉紧。

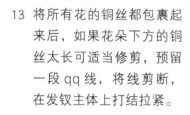
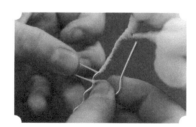

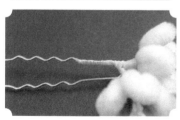

14 剪掉 qq 线并打结后，在尾部涂胶粘牢，最后根据自己的需要调整花的形态。

二 玉兰发钗

前期准备

剪刀、夹板、白色 qq 线、棕色绒线、棕色和玫红色色粉、笔刷、胶水、斜口钳、白色石膏花蕊、尖嘴钳、圆嘴钳、钢丝、波浪 U 形钗、直径为8mm 的白色扭扭棒、直径为6mm 的绿色扭扭棒

制作演示

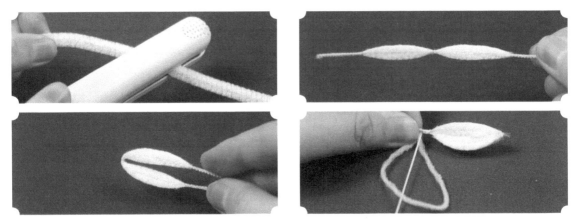

01 用夹板将白色扭扭棒夹平，截取 11cm 左右长。中间预留 8cm 左右，将两端绒毛修剪干净，再将扭扭棒预留位置修剪成两片叶子的形态。由中间对折后，用斜口钳修剪扭扭棒的一端，确保合并时不会太粗。修剪好后用白色 qq 线缠绕下端，打结并剪断多余 qq 线。

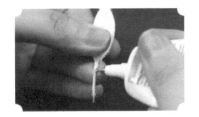  

02 涂胶粘牢线头末端，再用剪刀将花瓣修剪成一个类似于倒葫芦的形状。

03 用小刀刮下玫红色色粉，用笔刷蘸取色粉为花瓣刷出渐变效果，最后在中缝处画一下，形成纹理。

04 用夹板将绿色扭扭棒夹扁之后剪出 5cm 左右的小段，中间预留 3cm 左右后将两端修剪干净，再修剪成上图所示模样。对折后用棕色绒线捆绑完成花托的小叶子，另外直接将夹扁的绿色扭扭棒修剪成上面第 3 张图所示的样子。

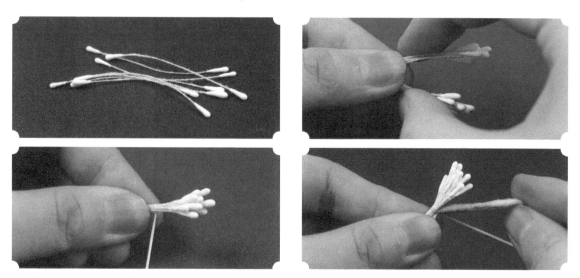

05 取 5 根白色石膏花蕊，对折后用 qq 线捆绑，再开始逐一添加花瓣与其进行组合。

06 第一层用 4 片花瓣，第二层在花瓣缝隙处添加 4 片花瓣。注意一边添加花瓣一边用白色 qq
　　线捆绑，直至捏合的下端全部用 qq 线缠绕拉紧，再将线打结并用胶水固定。

07 适当调整花的形态后，用棕色绒线缠绕花
　　朵下端，并添加小叶花托，用绒线缠绕到
　　下端 3cm 处打结并用胶水固定线头。

08 制作花苞，花苞的做法与花朵相同，但只需要 3 片花瓣，形态调整为向内包裹、上大下小。

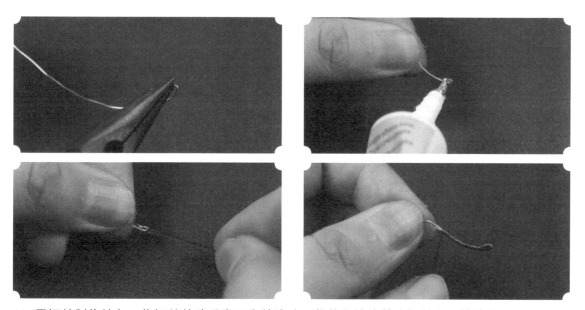

09 用钢丝制作枝条，将钢丝前端反卷回来并涂胶，将棕色绒线粘在钢丝上开始缠绕。

10 依次添加花苞和小枝条，并向下绕线制作出一根小花枝。

11 用尖嘴钳将花朵下端弯折，把制作好的花枝与花朵组合并缠绕在一起，再将花与发钗主体组
合并缠绕。

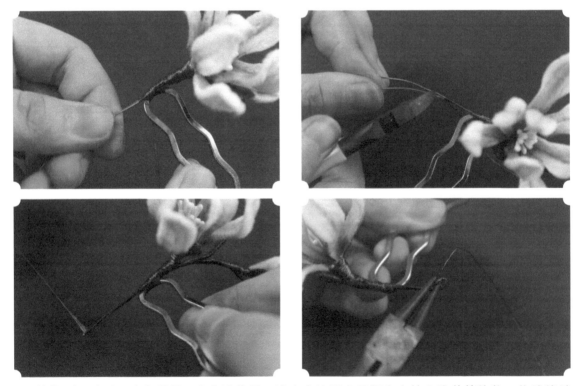

12 缠绕到尾端后，我们用另一个方法收尾，这个方法可在尾部自由挂上流苏等饰物。将绒线继
续向外缠绕铜丝，在 3~4cm 的位置停住并将被包裹的铜丝反卷出一个小圈。

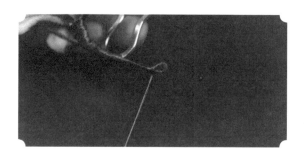

13 继续缠绕绒线，打结并剪去多余线头，在线头上涂胶固定。

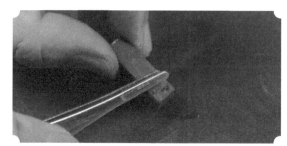
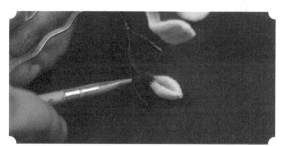

14 取棕色色粉，用笔刷蘸取色粉刷在绿色叶片底部，与枝条融合过渡，最后调整好花的形态，玉兰发钗就做好了。

三 牡丹发钗

前期准备

直径为 1cm 的白色扭扭棒、白色 qq 线、直径为 0.3mm 的铜丝、斜口钳、剪刀、尖嘴钳、蓝色色粉、笔刷、蓝色管珠、U 形发钗、胶水

制作演示

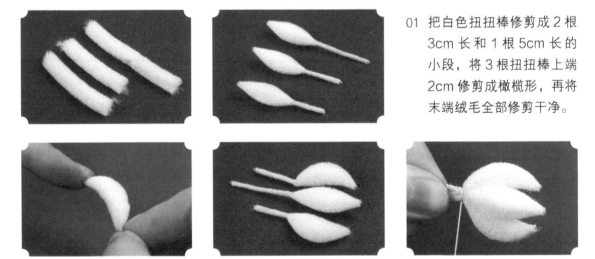

01 把白色扭扭棒修剪成 2 根 3cm 长和 1 根 5cm 长的小段，将 3 根扭扭棒上端 2cm 修剪成橄榄形，再将末端绒毛全部修剪干净。

02 将两根 3cm 长的扭扭棒弯折一点，并将 5cm 长的扭扭棒夹在中间，用白色 qq 线缠绕拉紧。

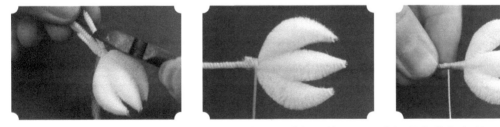

03 为防下端缠绕后显得太粗，用斜口钳修剪下端扭扭棒，只留中间最长的扭扭棒，修剪好后继续缠绕至下端 1cm 左右后打结涂胶固定。

04 整理花瓣形态，以此类推做出花瓣长度分别为 2cm、3cm、3.5cm 的 3 种花瓣。

05 用笔刷蘸取蓝色色粉在花瓣下端上色形成渐变色，效果如右上图所示。

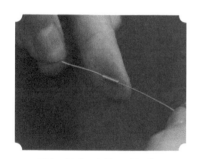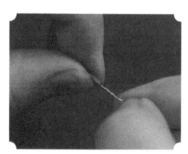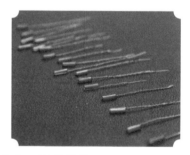

06 用铜丝穿过蓝色管珠，再对折扭紧。用相同的方法制作 20 根左右，用作花蕊。

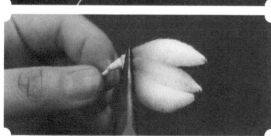

07 在管珠下方 1.5cm 左右的位置用线将铜丝绑紧，将最小花瓣的末端弯折，将其与花蕊组合，
用白色 qq 线捆绑固定。

08 以最小花瓣 5 片、中等花瓣 5 片、最大花瓣 7 片的顺序，以及对缝排列的方式组合所有花瓣。

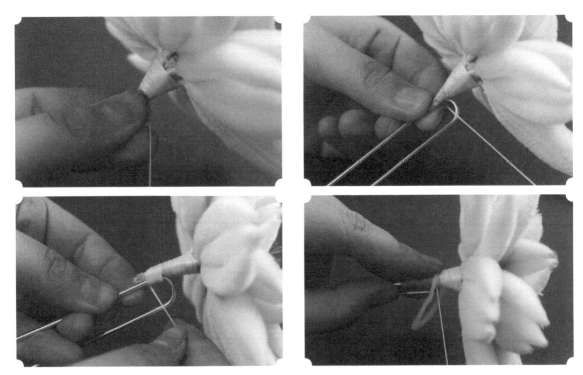

09 将 U 形发钗与花朵下端进行组装，用 qq 线缠绕约 2cm 左右，将花朵底端全部包裹，打结。

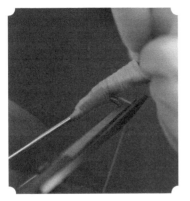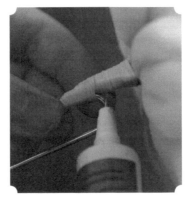

10 将 qq 线打结并剪去多余线头，再涂胶固定线头。

11 用手捏住一整片花瓣向内扣，旋转花朵，依次调整花瓣形状，让花朵呈现包裹状。

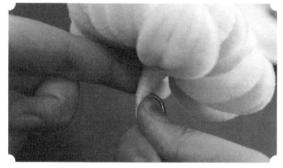
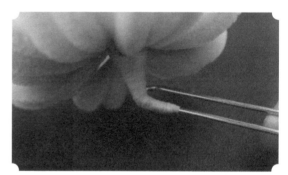

12 用手弯折花朵下方的扭扭棒，使花朵与发钗垂直，牡丹发钗就做好了。

四 蜻蜓发钗

前期准备

夹板、剪刀、尖嘴钳、斜口钳、白色 qq 线、铜丝、直径为 6mm 的浅粉色扭扭棒、粉色小珠、翡翠小珠、管状米珠、弹簧、波浪 U 形钗、小珍珠

制作演示

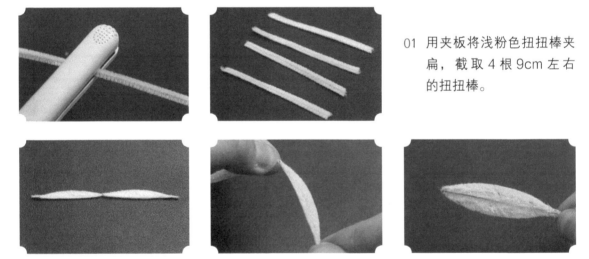

01 用夹板将浅粉色扭扭棒夹扁，截取 4 根 9cm 左右的扭扭棒。

02 分别将扭扭棒两头 5mm 处的绒毛修剪干净，找到扭扭棒的中间点，从中间先将左右两边修剪成两个橄榄形，再由中间对折，将下端捏住。

03 下端用白色 qq 线绑紧后打结，再剪去多余线头并涂胶固定，以此类推完成 2 对翅膀。

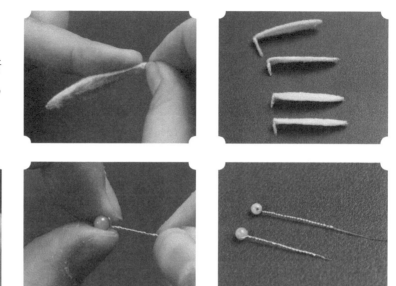

04 将翅膀下端的扭扭棒弯折
90°，为之后的组装做准备。

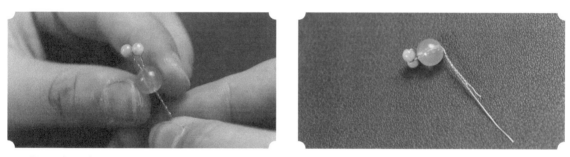

05 将两根铜丝分别穿过两颗翡翠小珠，再对折扭紧作为蜻蜓的一对眼睛。

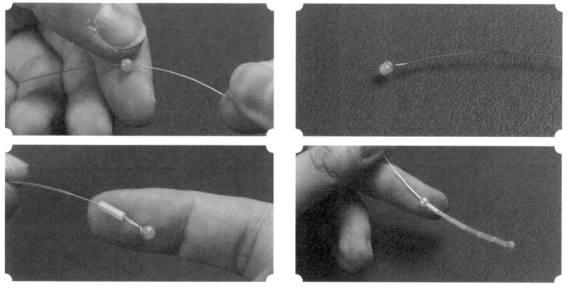

06 将眼睛下端的铜丝分别穿过粉色小珠，将下端弯折，蜻蜓头部准备完成。

07 取一截长的铜丝穿过黄色翡翠小珠，对折后将下端逐一穿过米珠，直到 5cm 左右再串一颗
小珍珠。

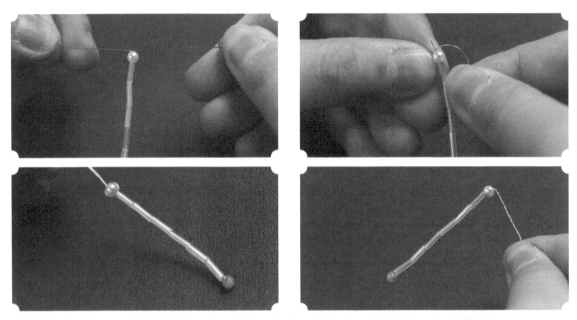

08 将铜丝分开，使其分别回到珍珠的前端，再次穿过珍珠，拉紧固定，并弯折铜丝。

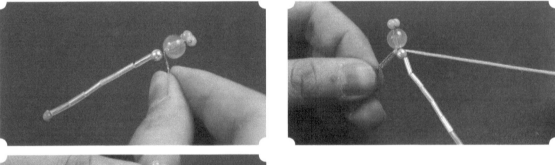

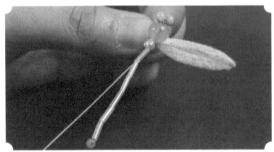

09 准备好所有材料后开始组合，先将头部和身体组合，用qq线绑紧后再添加1只翅膀，用线缠绕固定。

10 依次添加两对翅膀，用qq线拉紧后，右手绕一个圈，套过整只蜻蜓后打上一个结。

11 多打两次结后，剪去多余线头，并在线头上涂胶固定。

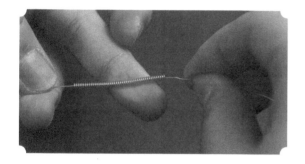 

12 用斜口钳剪出一截弹簧，将蜻蜓下方的铜
丝穿过弹簧，穿出来的铜丝直接靠在波浪
U 形钗主体上开始缠绕捆绑。

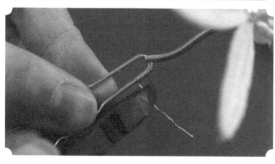

13 铜丝顺势多绕几圈拉紧后，剪去多余铜丝，用尖嘴钳将收尾处捏紧，蜻蜓发钗就制作完成了。

五 桃子发钗

前期准备

白色 qq 线、直径为 6mm 的绿色扭扭棒、直径为 1cm 的粉色扭扭棒、绿色绒线、棕色绒线、斜口钳、剪刀、胶水、笔刷、玫红色色粉、珍珠、小 U 形钗、铜丝

制作演示

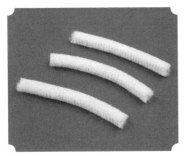

01 用斜口钳将粉色扭扭棒修剪出 3 根 8cm 左右的小段，找到小段的中心位置。用剪刀将小段修剪成上图所示的形状，注意不要太细，尽量粗一点。

02 弯折扭扭棒，将下端捏住，并用白色 qq 线绑紧。

03 绑到一定长度后打结收尾，剪去多余 qq 线，在线头上涂胶固定。

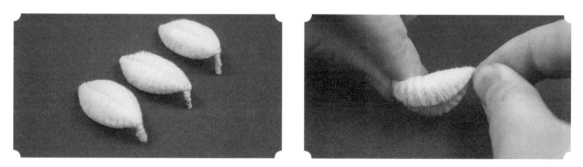

04 弯折扭扭棒下端的金属丝后，用手将扭扭棒绒毛端捏成弧形。

05 将 3 片弧形扭扭棒组合，使下端对齐后再用白色 qq 线绑紧，注意弧形扭扭棒要统一内扣，形成一个球形。

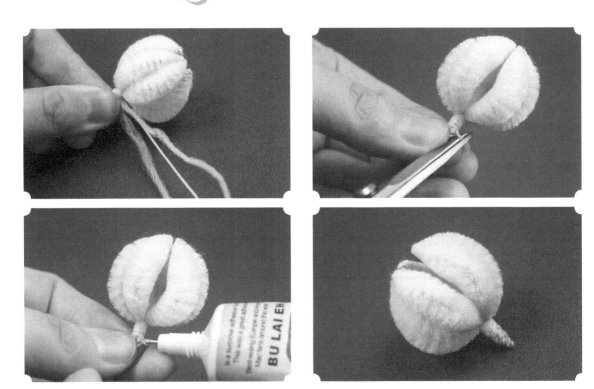

06　继续绕线后，将下端绑紧并打结，剪去多余 qq 线后涂胶固定。

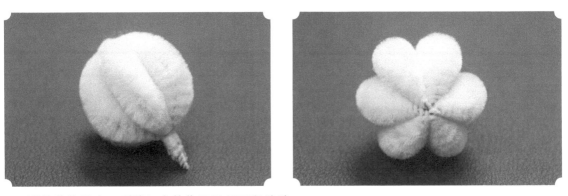

07　调整整体形态，顶端闭合的位置尽量不留缝隙。

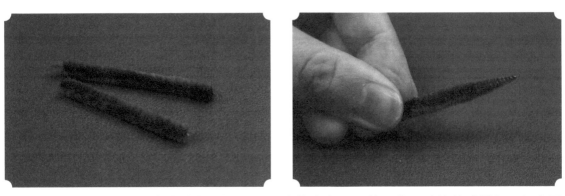

08　用斜口钳将绿色扭扭棒修剪出两根 4cm 左右的小段，用剪刀将一端修剪成锐角，如上图所示。

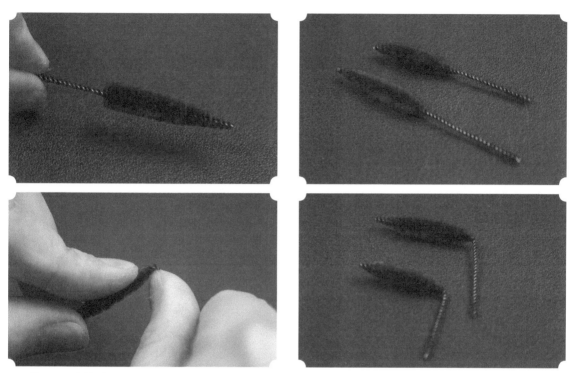

09 将另一端的绒毛修剪干净，再剪出上图所示的橄榄形，将金属丝弯折备用。

10 将叶子下端与桃子下端组合，用绿色绒线进行捆绑，剪掉多余的线。

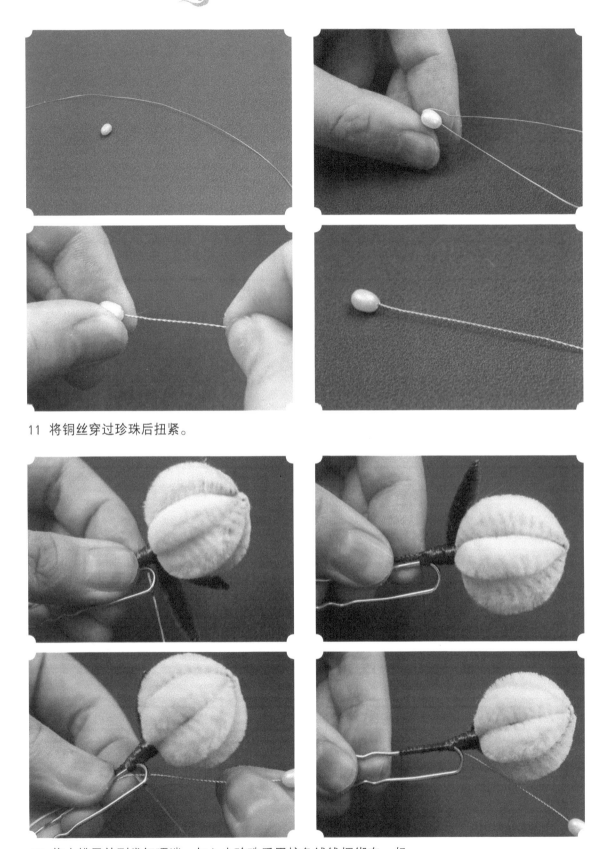

11 将铜丝穿过珍珠后扭紧。

12 将小桃子放到发钗顶端，加入小珍珠后用棕色绒线捆绑在一起。

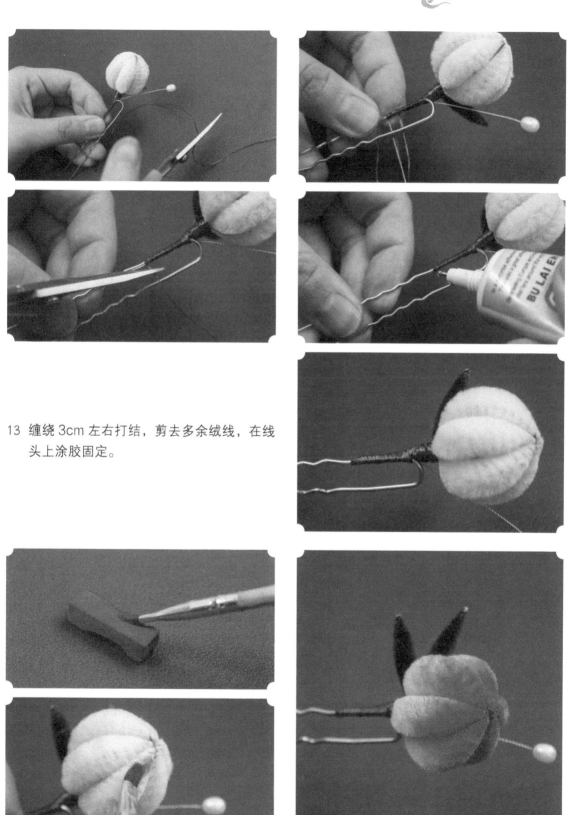

13 缠绕 3cm 左右打结，剪去多余绒线，在线
　头上涂胶固定。

14 用笔刷蘸取玫红色色粉，刷在桃子顶端，完成小桃子的制作。

第五章

环佩叮当
其他饰品的制作

一 桃花发梳

前期准备

直径为 1cm 的黄绿色扭扭棒、直径为 1cm 的粉色扭扭棒、尖嘴钳、圆嘴钳、斜口钳、浅粉色石膏花蕊、9 字针、T 字针、金属花托、白色小珠子、透明白色珠子、粉色珠子、胶水、粉色色粉、笔刷、剪刀、发梳、绿色绒线、夹板、铜丝

制作演示

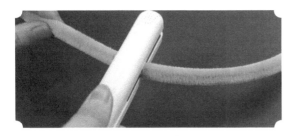

01 用夹板把粉色扭扭棒夹扁，剪出 6cm 左右，将两端的绒毛修剪干净，再斜剪前端。

02 将扭扭棒两端捏拢，并用绿色绒线绑紧后打结。

03 剪去多余绒线后涂胶粘牢线头，以此类推做好 5 片花瓣；用笔刷蘸取粉色色粉，在花瓣底端上色。

04 取出 3 根浅粉色石膏花蕊对折剪断，再取 4~5 根剪断的花蕊用铜丝扭紧花蕊底部。

05 弯折花瓣底端后将其与花蕊合拢，用绒线进行捆绑，一边绑一边加入花瓣。

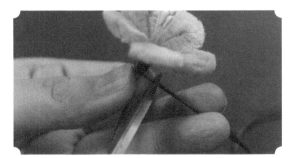

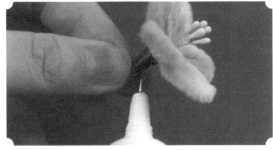

06 依次加入 5 片花瓣后将绒线打结，修剪多余绒线，在线头上涂胶粘贴。

07 向内调整花瓣形状，让花朵呈现内凹状态。用相同的方法再做一朵花。

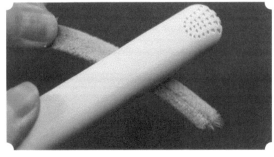

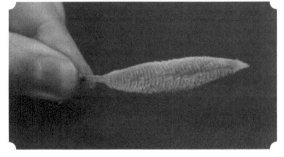

08 制作叶片，用夹板将黄绿色扭扭棒夹扁，剪下一段后，用剪刀修剪为上图所示样式备用。

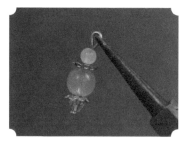

09 准备两个花托、两颗透明白色珠子和一颗粉色珠子,按透明白色珠子、花托、粉色珠子、花托、透明白色珠子的顺序用T字针串好,末尾处用圆嘴钳做出小钩。

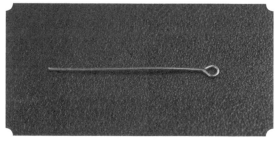
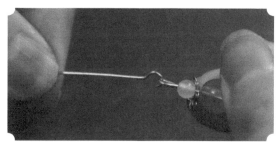
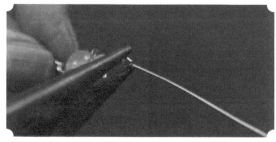

10 取出一根9字针与小钩钩在一起,再用圆嘴钳夹紧衔接口,做好两组备用。

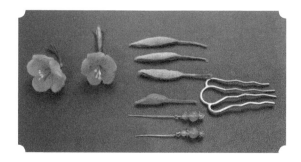
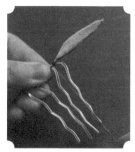

11 准备好所有元素后,依次将叶片、花朵、叶片组合在发梳主体上,每添加一个元素就用绒线拉紧固定。

12 用斜口钳修剪过长的扭扭棒后端，再添加准备好的两组吊坠。

13 将吊坠前端做出小钩反钩住捆绑的绒线，将绒线继续向下缠绕拉紧。

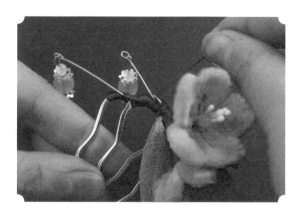

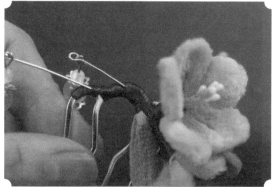

14 将绒线再次回绑，完全盖住小钩后，剪去
   多余绒线，将绒线打结。

15 剪去多余线头后用胶水固定，最后检查是
   否所有的扭扭棒和小钩全部都包裹好，以
   防佩戴时挂头发。

二 水仙发梳

前期准备

绿色绒线、白色 qq 线、斜口钳、尖嘴钳、5齿梳、黄色米珠、直径为 0.3mm 的铜丝、剪刀、胶水、夹板、直径为 6mm 的白色扭扭棒、直径为 6mm 的黄色扭扭棒、直径为 6mm 的绿色扭扭棒

制作演示

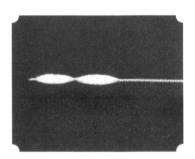

01 用夹板把白色扭扭棒夹扁，剪出 5 根 6cm 左右的扭扭棒及一根 9cm 左右的扭扭棒，在一端 5mm 处将绒毛修剪干净，中间修剪出两个橄榄形，将另一端也修剪干净。

02 从中间对折后将前端用尖嘴钳夹紧，用剪刀修剪顶端的绒毛，使整片叶子的形态更为饱满。

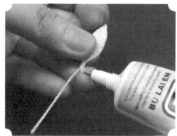

03 叶子下端用白色 qq 线绑紧后打结。剪掉多余的 qq 线，在线头上涂胶固定，以此类推准备好 6 片花瓣。

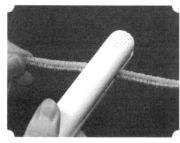

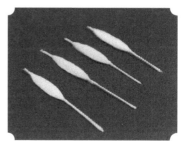

04 用夹板把黄色扭扭棒夹扁，剪出 4 根 4cm 左右的小段，再修剪出上图所示的橄榄形。这里预留的黄色绒毛部分长度为 1.5cm 左右，因为是副瓣所以会小一些。

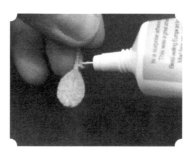
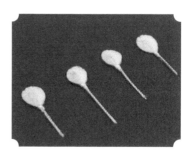

05 将下端合并后用白色 qq 线绑紧并打结。剪去多余线头，涂胶固定，完成 4 片副瓣。

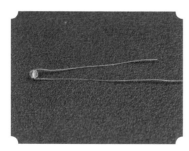
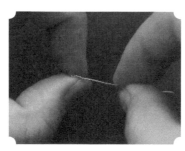
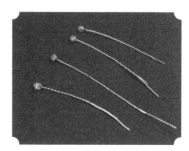

06 将铜丝穿过黄色米珠后对折扭紧，用相同的方法准备 4 根花蕊。

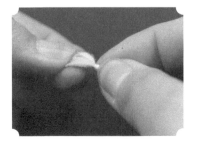
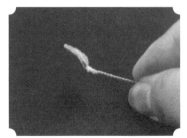

07 用白色 qq 线在米珠下方 1cm 左右将铜丝全部绑在一起，形成花蕊。弯折黄色副瓣，让它呈弧形围绕米珠花蕊。

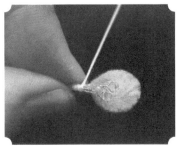

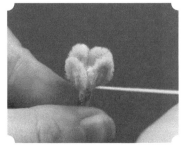

08 用白色 qq 线缠绕捆绑，连同剩下 3 片副瓣形成一个碗形，水仙花的内部就制作好了。

09 用手指把白色花瓣弯折出弧度，让它紧靠副瓣下端，再用 qq 线绑紧，一边绑一边加入花瓣。

10 依次添加剩余花瓣到副瓣周围，留下最长那根扭扭棒的下端，用斜口钳斜剪去其他扭扭棒，让花枝纤细。

11 用绿色绒线从花朵下端开始缠绕拉紧，直至下端 1.5cm 左右将绒线打结固定。

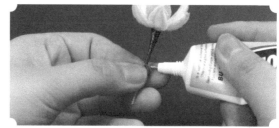

12 打结后剪去多余绒线，在线头上涂胶固定，防止脱落。用同样的方法再做一朵水仙花。

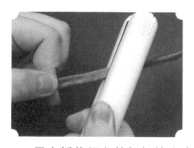

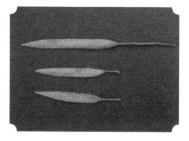

13 用夹板将绿色的扭扭棒夹扁，剪出一根 7cm 和两根 6cm 长的扭扭棒小段，将扭扭棒一端剪
　　成尖头。将另一端 1cm 左右的绒毛修剪干净，用相同的方法修剪剩余扭扭棒。

14 全部材料准备完成后，取短的叶子靠在 5 齿梳主体上，用绿色绒线缠绕捆绑，拉紧后加入第
　　一朵花。

15 第一朵花下端可以预留长一点，然后加入第二朵花和剩余叶子。在转弯处涂胶防止绒线脱落，剪去尾端多余的扭扭棒。

16 涂胶继续缠绕绒线，直至绒线包裹住所有扭扭棒。

17 打结拉紧，剪去多余绒线后再次涂胶固定。

18 用手指调整花的方向及形态，完成水仙发梳的制作。

三 海棠发梳

前期准备

夹板、金色绒线、白色 qq 线、粉色小珠、水滴形珠子、粉色小米珠、斜口钳、直径为 0.3mm 的铜丝、剪刀、齿梳、胶水、直径为 6mm 的粉色扭扭棒

制作演示

01 用夹板将粉色扭扭棒夹扁，用剪刀将其修剪成上图所示的样子后将下端捏紧，用白色 qq 线绑紧。

  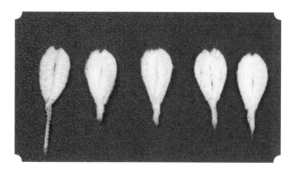

02 用剪刀将上端修剪出一个小口，用作花瓣。用相同的方法完成全部花瓣的制作。

123

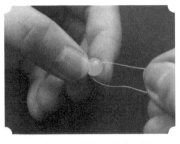
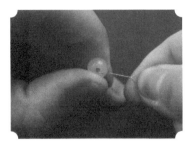
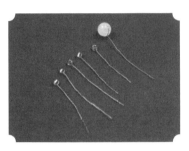

03 取出5颗粉色小米珠和一颗粉色小珠，分别用铜丝将所有珠子穿过后扭紧，这便是花蕊部件。

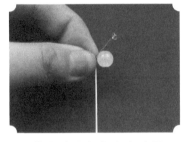

04 将大珠子包裹在小珠子里面，下端用 qq 线绑紧形成花蕊。

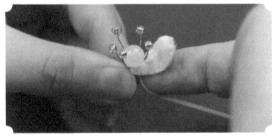
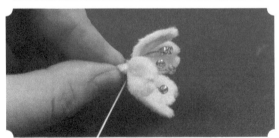

05 用手指调整花瓣形状，让它们向内弯，再围绕花蕊逐一添加花瓣，一边加入花瓣一边用
　　qq 线绑紧。

06 添加完5片花瓣后，将下端绑紧打结，剪去多余线头后涂胶固定。

 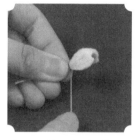  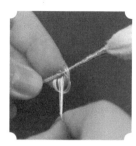

07 花苞的做法和花朵相同，只是不添加花蕊，用 3 片花瓣即可。全部做好后，将花朵、花苞的花枝缠绕上金色绒线以挡住所有扭扭棒。

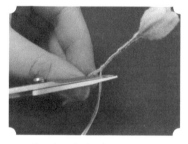  

08 绑到一定长度后打结，剪去多余绒线后涂胶固定。

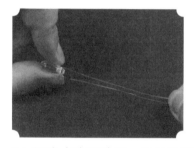 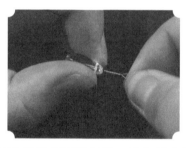 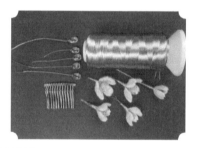

09 取出水滴形珠子，用铜丝穿过珠子并将下端扭紧，准备好全部材料。

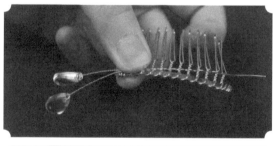 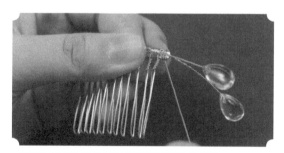

10 从水滴形珠子开始与发梳主体组装，依次添加准备好的花朵，记住绒线一定要拉紧。

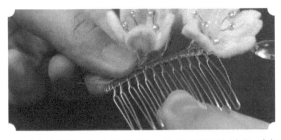
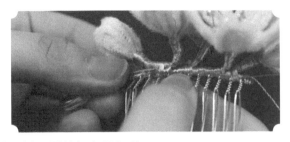

11 继续添加花朵及花苞，如果预留的枝条过长就用斜口钳剪短点再组装。

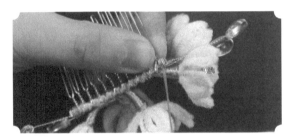

12 材料添加完后将多余的枝条剪断，并将枝条藏在主体下，继续用绒线包裹缠绕直至全部掩盖。

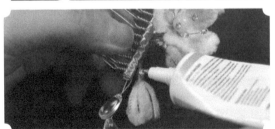

13 剪断多余绒线并打结涂胶固定，调整形态，海棠发梳的制作就完成了。

四 荷花发梳

前期准备

绿色绒线、白色 qq 线、玫红色色粉、粉色色粉、笔刷、斜口钳、铜丝、剪刀、胶水、发梳、黄色棉线、直径为 6mm 的粉色扭扭棒、直径为 6mm 的绿色扭扭棒、片状塑料壳

制作演示

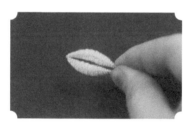

01 如图剪出 3 根扭扭棒，将最长的扭扭棒从中间对折，并用白色 qq 线缠绕固定。

02 从两边依次加入另两根尖头扭扭棒，并用 qq 线缠绕组合。

03 下端只预留一根扭扭棒，让花枝纤细；再调整两边的尖头扭扭棒，使其向中间的扭扭棒靠拢，完成一片花瓣的制作。

04 用相同的方式完成 6 片小花瓣的制作，大花瓣则增加一定长度，左右再分别添加一根扭扭棒。
   用相同的方法完成 5 片大花瓣的制作。为了更好地稳固花瓣形状，可用胶水将扭扭棒轻轻粘贴。

05 刮下粉色色粉，用笔刷蘸取色粉涂抹在花
   瓣顶端并形成向下的渐变效果；用手指调
   整花瓣的弧度。

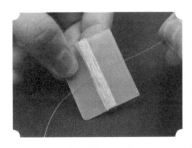 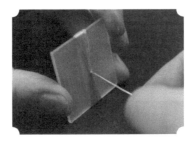 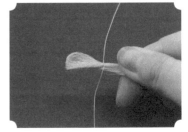

06 取出黄色棉线和长 3cm 左右的片状塑料壳，将棉线缠绕塑料壳多圈后，用铜丝从中间穿过并
   扭紧，取下棉线并再次在棉线中间将铜丝扭紧。

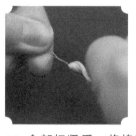   

07 全部扭紧后，将棉线对折并从顶端剪开，用另一根铜丝将棉线下端固定，不让棉线炸开，使
其更聚拢，用斜口钳剪去多余铜丝。

08 整理棉线，用剪刀修剪出弧形，让它像花蕊一样。

09 从最小的花瓣开始组装花朵，一边添加花瓣一边用 qq 线缠绕拉紧。

10 一直到最外圈的大花瓣全部绑完，将 qq
线拉紧。预留一段线并剪断多余的线后再
打结，整理花朵形态。

11 荷花花苞用3~4片花瓣以同样的方法组成。

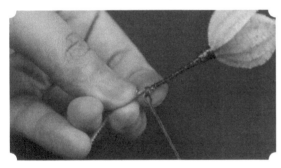 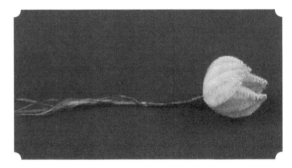

12 荷花花苞绑好后，在下端涂胶加入绿色绒线，缠绕所有扭扭棒，使花枝变成绿色。

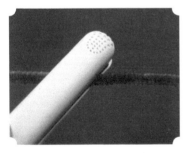  

13 用夹板把绿色扭扭棒夹平，用剪刀修剪成图示形状，再将扭扭棒两端并拢。

14 用绿色绒线缠绕打结，修剪末端并涂胶固定，用作叶子。用相同的方法准备7~8片叶子。

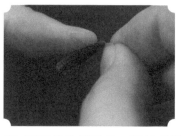 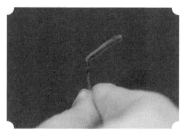 

15 用手指弯折叶片，紧挨着第一片小叶片添加第二片。

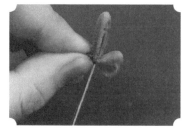  

16 一边添加一边用绿色绒线缠绕，直至形成一个盘子形状则结束添加。

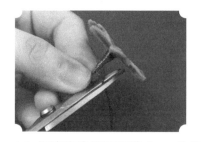 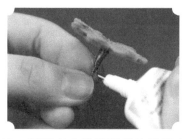 

17 将绒线缠绕至下端 2cm 处打结，剪断多余的绒线并涂胶固定。

18 用手指将叶片边缘向内弯，至此荷花的所有元素准备完成。

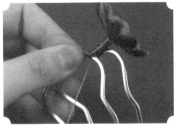  

19 在发梳主体上依次添加荷叶、荷花，添加一个就捆绑一个，线一定要拉紧。因为荷花要比荷叶高，所以荷花在绑的时候预留的枝条要长一些。

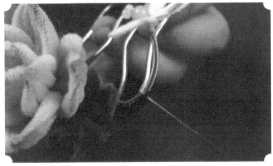

20 添加荷叶、花苞及小蜻蜓。（小蜻蜓的制作过程，可以翻看前文相应的教程。）添加顺序可自行安排，高度根据预留的枝条长度来确定。

 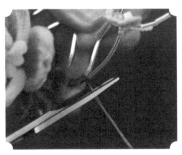 

21 全部绑好后，打结后剪断多余部分，涂胶固定线尾，检查一下背部是否光滑。

22 将之前全部倒着的荷花、荷叶立起来。

23 用笔刷蘸取玫红色色粉在荷花顶端轻轻补
   刷一下，荷花发梳就做好了。

五 梅花发夹

前期准备

直径为 1cm 的绿色扭扭棒、直径为 1cm 的红色扭扭棒、斜口钳、尖嘴钳、剪刀、绿色绒线、金属花托、直径为 6mm 的珍珠、发夹、胶水、直径为 0.3mm 的铜丝

制作演示

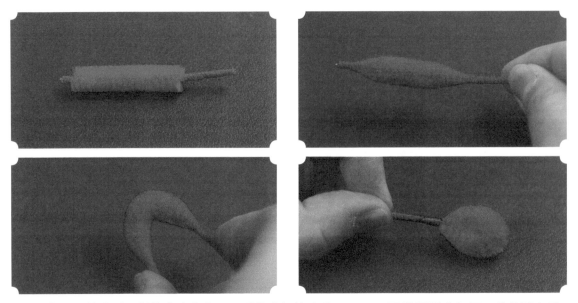

01 制作红色的花瓣，制作方法参考 4.1 梨花发钗的步骤 01~04，同样需要准备好 5 片花瓣备用。

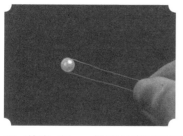  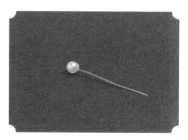

02 剪出 10cm 长铜丝穿过珍珠后对折，顺着一个方向扭紧全部铜丝。

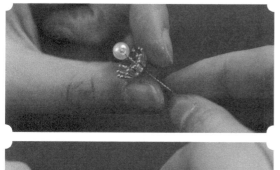 

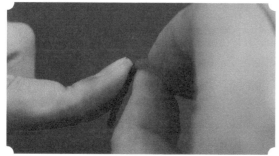 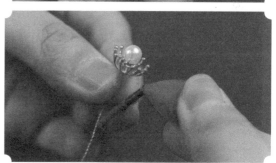

03 将带珍珠的铜丝穿过金属花托，再将花瓣底端弯折好，将花瓣靠拢花蕊底部。

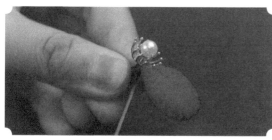 

04 用绿色绒线将花蕊与花瓣缠绕绑紧，一边绕线一边添加花瓣，直到所有花瓣都固定好后再打
   结固定。

 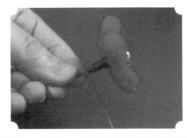 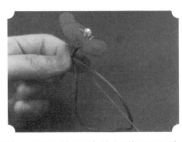

05 在下端合拢的地方太粗的情况下，用斜口钳斜着修剪所有扭扭棒，再继续用绒线捆绑至覆盖所有扭扭棒，再打结固定。

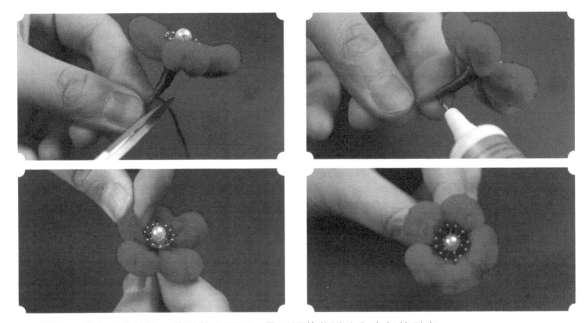

06 用剪刀剪去多余绒线，涂胶粘牢即可，最后调整花瓣为向内扣的形态。

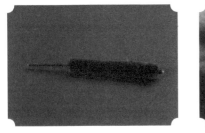 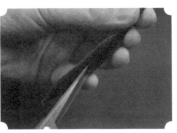 

07 制作叶子。剪出 8cm 左右长的绿色扭扭棒，修剪多余绒毛至上图所示形态，注意可一面的末端长一些，一面的末端短一些。

08 从中间对折扭扭棒，使其呈叶子形态后，用绿色绒线反复捆绑叶子下端。

09 末端预留一段扭扭棒的金属丝后，剪去多余绒线并涂胶固定。

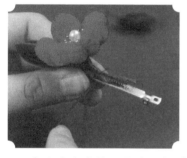  

10 拿出发夹本体，依次添加叶子、花的同时用绒线顺势缠绕拉紧，过长的扭扭棒依次剪断即可。

 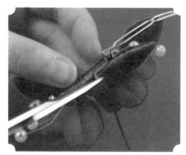 

11 继续添加珍珠和剩下的花朵、叶子。全部的花朵、叶子等添加完并缠绕包裹整齐后，打结并剪去多余绒线。涂胶固定后，梅花发夹就做好啦。

六 蝴蝶发夹

前期准备

斜口钳、尖嘴钳、橘粉色珍珠、直径为 1cm 的珍珠、胶水、白色 qq 线、直径为 1cm 的粉色扭扭棒、剪刀、金属夹子、直径为 0.5cm 的铜丝

制作演示

01 将粉色扭扭棒交叉成一个圈后，在交叉的位置扭紧做出蝴蝶的左边翅膀。

02 做出相同大小的右边翅膀，将相交位置扭紧，用斜口钳剪去多余的扭扭棒。

03 将下端的扭扭棒绒毛全部修剪干净，用同样的方法完成一对小一点的翅膀。

 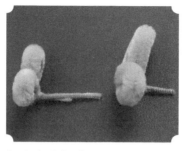 

04 90° 弯折翅膀下面的扭扭棒，组合大小翅膀。

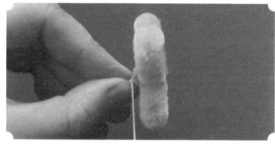 

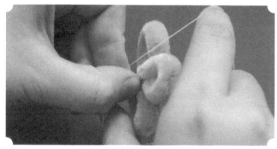 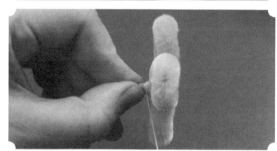

05 用白色 qq 线绑紧下端的扭扭棒，最后右手绕一个圈，套入蝴蝶，拉紧形成一个结。

 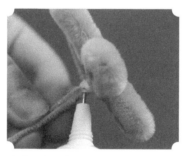 

06 剪去多余的 qq 线后，在线头处涂胶粘贴线尾。

07 用铜丝穿过两颗珍珠，调整珍珠到蝴蝶中间形成身体，铜丝两端分别在背后扣在刚刚的扭扭棒上。

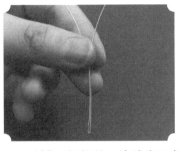  

08 对折一根铜丝，涂胶塞入第一个珍珠的顶上小孔，变成蝴蝶的触角。

09 触角分别穿入橘粉色珍珠，前端铜丝折回一截后，用尖嘴钳在下端扭紧。

10 用手将蝴蝶翅膀整理成弧形，用斜口钳将蝴蝶下方的扭扭棒剪断，再顺势弯折底部。

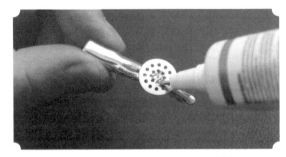 

11 在金属夹子的托上涂胶，将弯折的底部粘贴上且刚好挡住底部即可，这样我们的蝴蝶发夹就可以美美地戴上啦。

蝴蝶的第二种制作方法

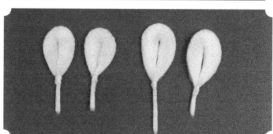

01 与第一种方法不同，这种方法第一步是将扭扭棒夹扁，如果不够扁就多夹两次。剪出 4 根 8cm 左右的长段，修剪成上面第 2 张图所示的模样，捏拢下端再用白色 qq 线绑紧，完成 4 只翅膀，两只大一点，两只小一点。

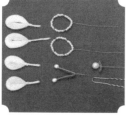
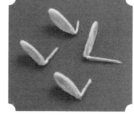

02 用铜丝穿出两个珍珠的空心圈，圈的大小比最大的翅膀大一点，再准备好身体和触角，以中间为聚合点用 qq 线将所有的材料绑在一起。

03 用 qq 线将蝴蝶绑到发钗上，末端打结绑紧并涂胶固定，最后调整一下蝴蝶的位置就完成了。

七 铃兰步摇

前期准备

白色 qq 线、绿色绒线、直径为 1cm 的绿色扭扭棒、直径为 1cm 的白色扭扭棒、斜口钳、剪刀、胶水、尖嘴钳、直棍主体、珍珠、球针、钢丝

制作演示

01 剪出 5.5cm 左右的白色扭扭棒，从中间开始修剪成右边第一个图的形状，然后从中间对折。

02 用白色 qq 线将扭扭棒下端缠绕后打结，剪去多余 qq 线后涂胶固定，用作花瓣。一朵铃兰需要准备 4 片花瓣。

03 将花瓣尾端拱起，前端翘起，做出波浪形。

04 将球针穿过珍珠，作为花蕊。

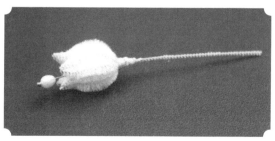

05 花蕊高度超出花瓣一点与花瓣进行组装，用白色 qq 线绑紧打结后剪去多余的 qq 线，涂胶固定。这里考虑到后面的组装，加入了一根新的扭扭棒进行捆绑，延长了扭扭棒末端。

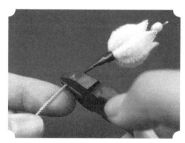

06 用绿色绒线从花朵尾部开始缠绕，直至 3cm 左右的位置打结固定，用斜口钳剪去多余的扭扭棒。

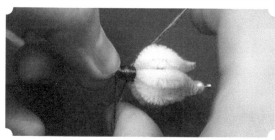

07 将绿色花枝反卷一部分，在合拢处进行捆绑，注意不要把反卷的地方压紧了，让其很自然地形成一个小圈。

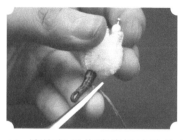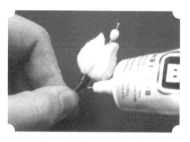

08 缠绕紧后将绒线打结并剪去多余绒线，在线头处涂胶固定防止脱落。用同样的方法准备好 3 朵铃兰花。

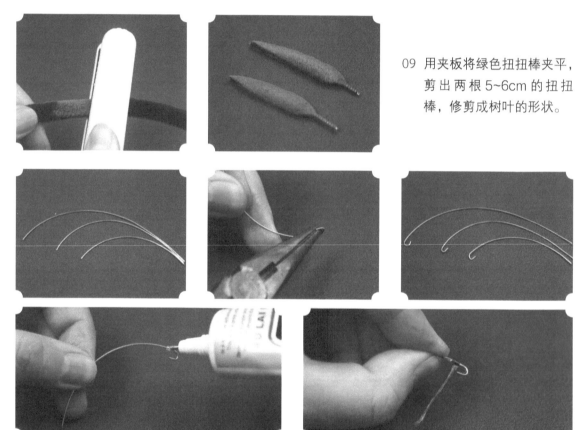

09 用夹板将绿色扭扭棒夹平，剪出两根 5~6cm 的扭扭棒，修剪成树叶的形状。

10 剪 3 段钢丝，分别长 8cm、7cm、6cm。将 3 段钢丝一端分别弯出小钩，在靠近小钩处涂胶，用绒线粘贴并开始捆绑。在这里胶水的作用是防止绒线缠绕时滑落。

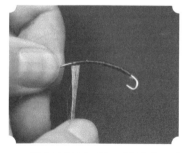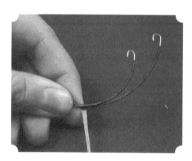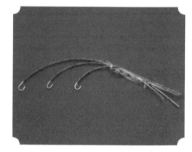

11 从最长的钢丝开始缠绕，每根钢丝缠绕至上图所示的位置打结，将它们的最后一段预留出来。

12 将3段钢丝的下端全部捆绑在一起，添加叶子一同缠绕，打结固定。注意两片叶子要包裹住中间的小钩钢丝。

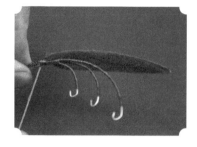 

13 用手指调整叶片，弯折叶子至波浪形。

14 将铃兰挂上小钩后用尖嘴钳将小钩闭合，注意不要完全压紧，否则会使花朵无法摇摆。

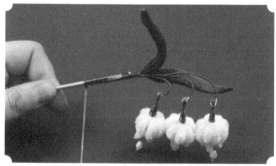

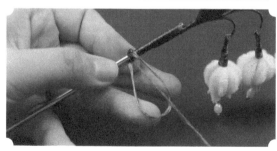

15 全部固定好后，将下端与直棍主体缠绕捆绑在一起，最后打结并剪去多余绒线，涂胶固定。

八 锦鲤耳环

前期准备

耳环挂钩、白色小珠子、树脂戒面、金属花托、剪刀、直径为 6mm 的粉色扭扭棒、白色 qq 线、斜口钳、胶水、铜丝、开口圈、尖嘴钳、圆嘴钳

制作演示

 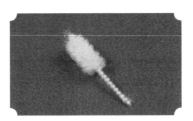 

01 先用斜口钳截取 3cm 左右的粉色扭扭棒，将前端 1cm 左右的绒毛修剪成橄榄形，剩下部分则全部修剪干净。

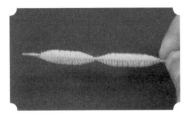  

02 取 6cm 左右的粉色扭扭棒，两端分别把 1cm 左右的绒毛修剪干净，将中间修剪成两个橄榄形，再对折，下端用 qq 线绑紧。

03 修剪一下绒毛，让形状更明显、更饱满一些。做出一大两小相同的造型，作为锦鲤尾巴。

04 将3个橄榄形扭扭棒组
合。中间的尾巴长一点，
两边短一些，拉紧绑在一
起像一片小枫叶。

05 用斜口钳将金属花托剪去两根花蕊，将尾
巴预留的扭扭棒弯折90°，再插入花托的
小洞里。

06 弯折最开始修剪好的扭扭棒并将其插入小
洞，让其分布在金属花托的左右，作为鱼鳍。

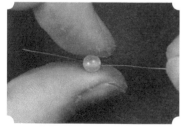
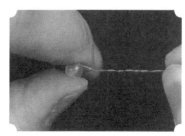
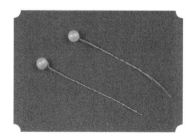

07 用铜丝穿过白色小珠子，再对折铜丝并将下端扭紧，制作两个锦鲤眼睛。

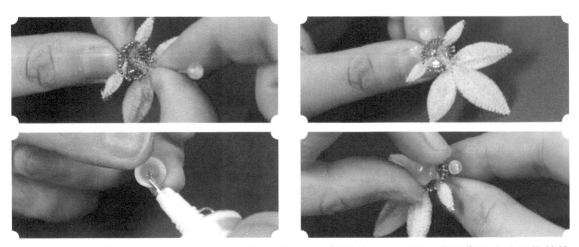

08 将刚才做好的锦鲤眼睛依次插入花托的小洞后，弯折到前端，在绿色戒面背面涂胶后将其放入花托中粘牢。

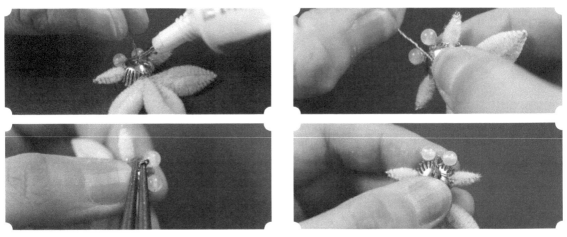

09 在花托背面小孔处涂一点胶水，将下端所有铜丝扭紧，再将其弯折到锦鲤眼睛的位置，做出一个小弯钩。

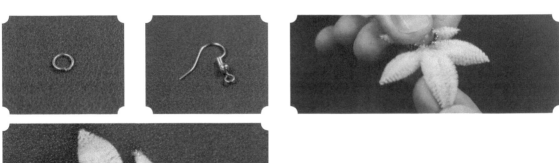

10 在小弯钩处用开口圈套上耳环挂钩。调整形态，弯折尾巴成波浪形，这样就完成了一只锦鲤耳环的制作。

九 竹叶耳环

前期准备

直径为 6mm 的绿色扭扭棒、
剪刀、尖嘴钳、斜口钳、圆
嘴钳、绿色 qq 线、9 字针、
球针、直径为 3mm 的小珍珠、
开口圈、直径为 4mm 的珍珠、
耳环挂钩

制作演示

01 用夹板将绿色扭扭棒夹扁，剪出 2 根 4cm 和 2 根 6cm 的扭扭棒。

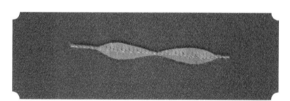

02 找到扭扭棒的中心点，用剪刀修剪成锐角，两端同理。将修剪好的扭扭棒对折，用尖嘴钳将尖
端夹紧，一片叶子就制作完成了。

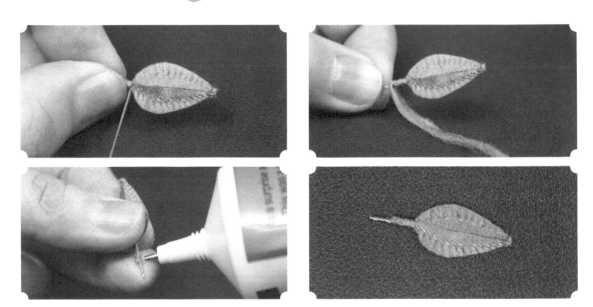

03 用绿色 qq 线将叶片闭合口绑紧，绑到一定长度后打结固定。剪断线头，用胶水固定，以防脱落。

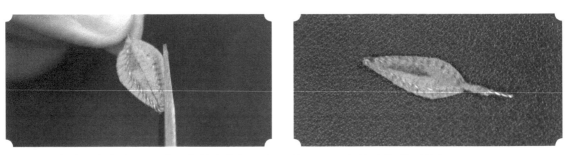

04 现在的叶片有点宽，用剪刀将其修剪得细长一些，凸显出竹叶的外形特征。

05 用相同的方法制作完其他叶片，一共 4 片，两大两小；再将其中一大一小组合，用绿色 qq 线绑紧。

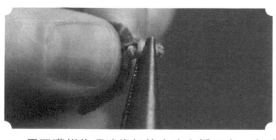

06 用圆嘴钳将顶端绑好的小头弯折下来，套过一个开口圈。

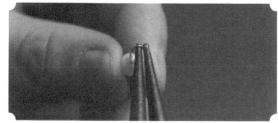
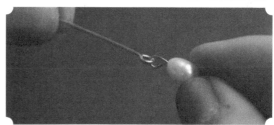

07 将短球针穿过小珍珠后，用圆嘴钳把后端弯成小圈套在另一个长的9字针上，扣紧9字针。

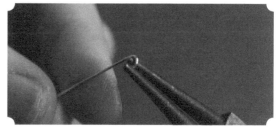

08 用长9字针穿过一颗小珍珠，用圆嘴钳将顶部弯出小圈套在刚刚做好的竹叶的开口圈上。

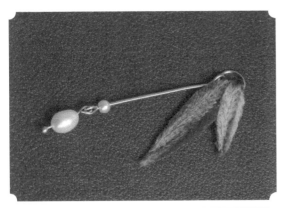

09 开口圈内套入耳环挂钩,再将开口圈封闭, 一只耳环就做好了。

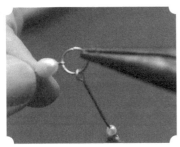

10 另一只耳环的制作方法相同,只是在组装的时候改变一下位置。

十 麦穗胸针

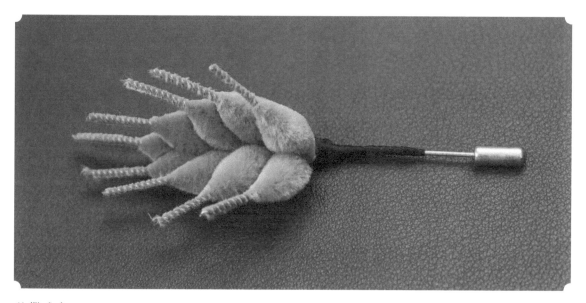

前期准备

胸针配件、斜口钳、尖嘴钳、剪刀、胶水、棕色 qq 线、直径为 1cm 的土黄色扭扭棒

制作演示

01 将土黄色扭扭棒截取 6cm 左右，分别把距离一端 1cm 和距离另一端 2.5cm 处的绒毛全部修剪干净。用剪刀斜剪，将中间的绒毛修剪成橄榄形作为穗子，准备 9 根相同的穗子后开始组装。

  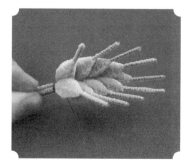

02 第一根穗子高一些，在两边依次往下成对添加穗子，一边添加一边用棕色 qq 线绑紧。

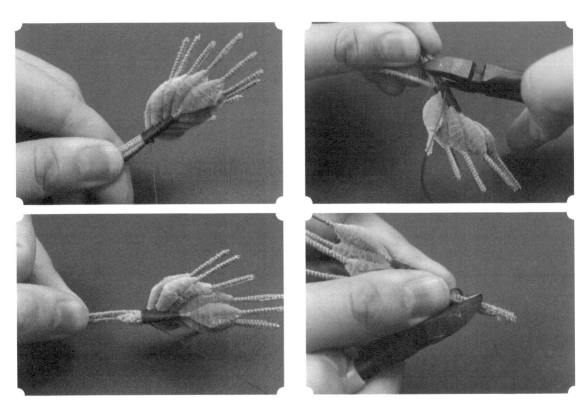

03 添加完所有穗子后，在最后一对穗子的后端剪去多余的扭扭棒，预留 1~2 根便可；再继续绕
   线把断口包裹住，并用斜口钳将扭扭棒剪整齐。

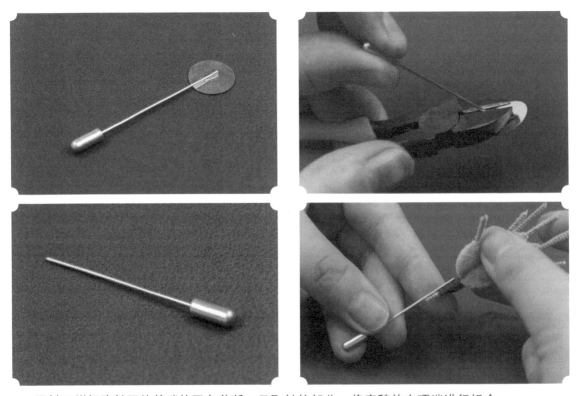

04 用斜口钳把胸针配件前端的圆盘剪断，只取针的部分，将麦穗放在顶端进行组合。

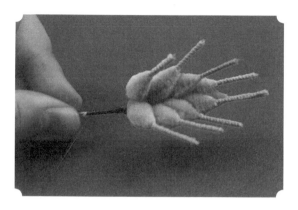
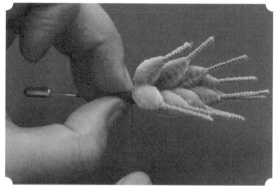

05 用 qq 线捆绑连接处，并往回绑覆盖胸针，再打结并剪去多余的线。

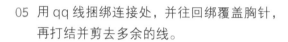
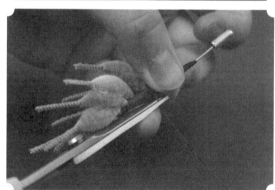

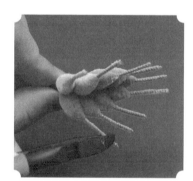

06 在线头上涂胶固定，修剪每根穗子前端的长度，穗子胸针就做好了。

十一 京韵排钗

前 期 准 备

直径为 1cm 的白色扭扭棒、直径为 0.3mm 的铜丝、红色和蓝绿色色粉、笔刷、胶水、剪刀、尖嘴钳、斜口钳、直径为 1cm 的珍珠、椭圆形橘粉色珍珠、棕色绒线、排钗主体

制作演示

01 修剪出 8cm 长的白色扭扭棒，下端预留 3cm 将绒毛修剪干净，上端修剪成左图所示两头尖的形态，反卷并捏住扭扭棒下端使其合拢。

02 用棕色绒线缠绕绑紧下端至 2cm 左右处，剪去多余绒线，在绒线末端涂胶粘牢即完成了花瓣的制作。用相同的方法继续制作 7 片花瓣。

03 在排钉上涂胶粘贴珍珠。

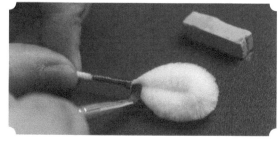 

04 用笔刷蘸取蓝绿色色粉刷在白色花瓣底端，注意越靠近底部的地方颜色越深，呈渐变样式。
将花瓣下端弯折并依次添加到珍珠排钉后面，高出珍珠一点即可，用棕色绒线绑紧。

05 一边添加花瓣一边捆绑，
直至8片花瓣全部固定好。
再剪3根10cm长的扭扭
棒，并按照之前的方法做
成红色花瓣备用，将其下
端弯折后添加在蓝色花瓣
之后，居中分布。

06 全部绑好后，剪去多余绒线并打结，再涂胶粘牢即可。

07 将铜丝穿过椭圆形橘粉色珍珠，珍珠排成的长度与排钗前端相同。

08 铜丝两端分别缠绕在排钗两头，注意多绕
   几次。

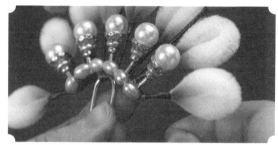

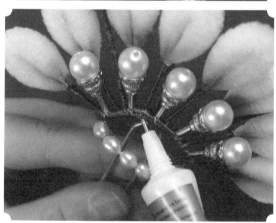

09 用斜口钳剪去多余铜丝，收尾处压紧，中
   间部分涂胶粘贴防止分开影响美观，这样
   京韵排钗就做好了。

第六章

琳琅满目
古风小物的制作

一 燕子团扇

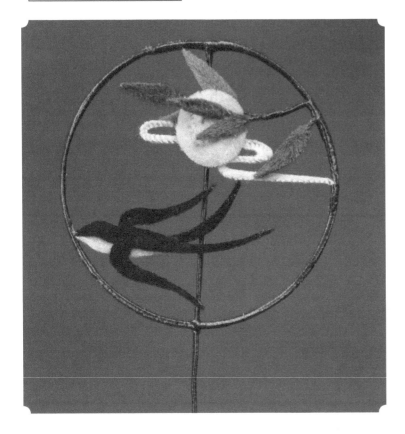

前期准备

斜口钳、钢丝、剪刀、绿色绒
线、胶水、夹板、团扇、直径
为 6mm 的深绿色、浅绿色、
黑色、白色和黄色扭扭棒

制作演示

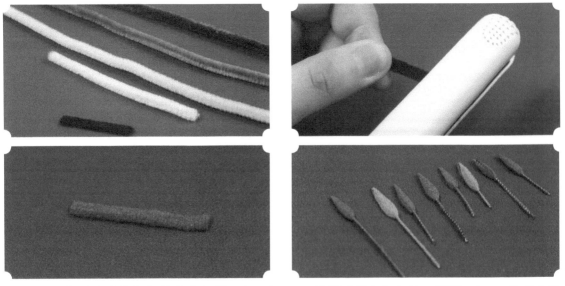

01 先用夹板将所有的扭扭棒夹扁备用。取一根 5cm 长的深绿色扭扭棒，预留 1.5cm 剪成小叶
子的形状，下端绒毛部分全部修剪干净，根据构图开始组装。

02 一边添加叶子一边用绿色绒线绑紧，添加叶子时，将过长的下端扭扭棒剪去，只留一根作为主枝就可以了。

03 将黄色扭扭棒盘成一个小圆作月亮，将多余的扭扭棒剪去。将月亮修剪圆润。

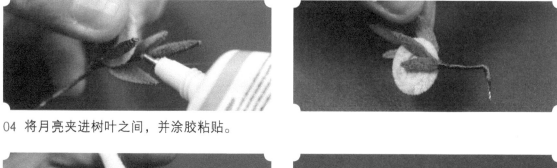

04 将月亮夹进树叶之间，并涂胶粘贴。

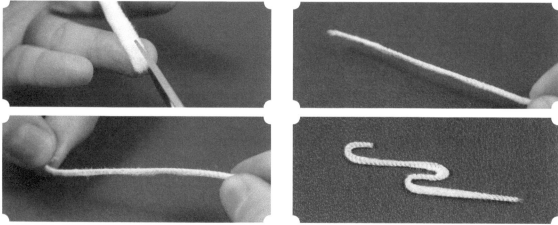

05 用剪刀把白色扭扭棒的绒毛修剪一下，留薄薄的一层就可以了，再弯出如上图所示的云雾的效果。

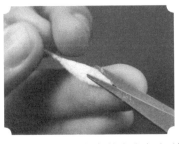

06 用剪刀将夹扁的白色扭扭棒修剪出燕子的肚子，再用黑色扭扭棒修剪出背部、翅膀、尾巴。

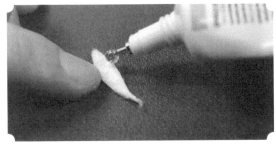
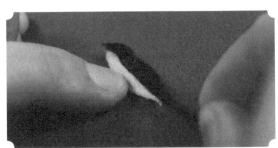
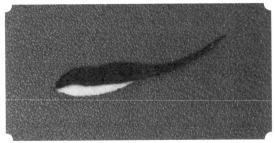
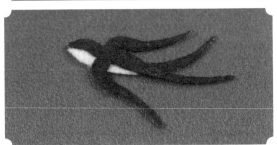

07 用胶水粘贴燕子的身体、尾巴和翅膀。

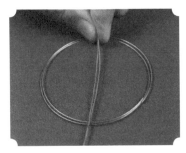

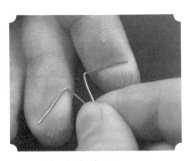

08 剪下两圈钢丝，再单独取一段对折，用尖嘴钳将前端弯折 90° 后，再向左右分开。

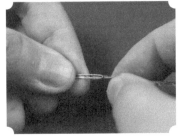
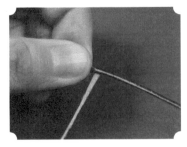
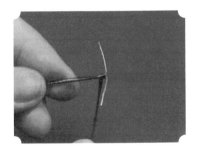

09 在钢丝底端涂胶并缠绕绿色绒线，一直到顶部。

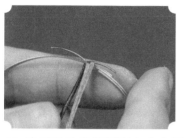  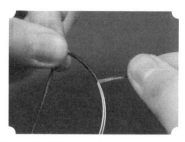

10 这里要注意将刚刚左右分开的钢丝和圆形钢丝重合后继续用绒线一同捆绑，一定要拉紧。

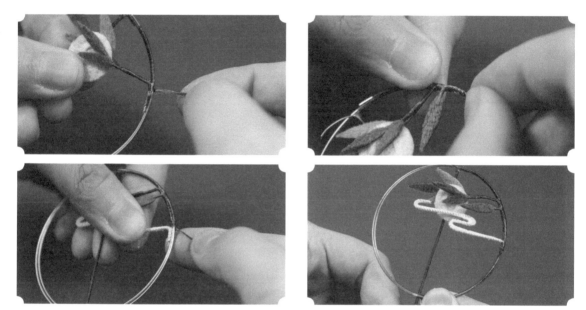

11 绑到一定位置后添加刚刚准备好的树叶，将树叶尾端弯折一点，再与钢圈重合，并用绒线绑紧，完成后调节位置。云雾配件同理。

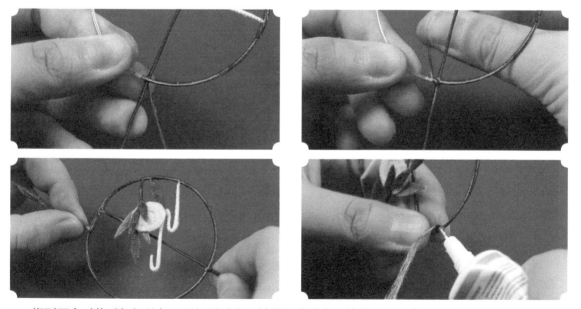

12 绑到下方时将手柄钢丝与圆形钢丝重合，继续用绒线交叉缠绕几圈，防止移动。

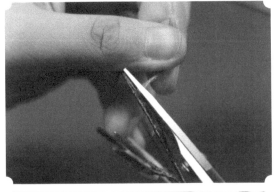

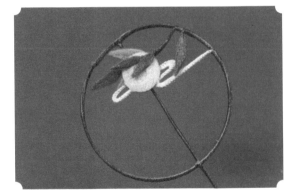

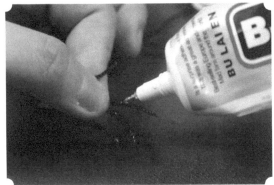

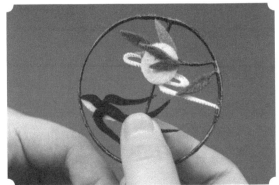

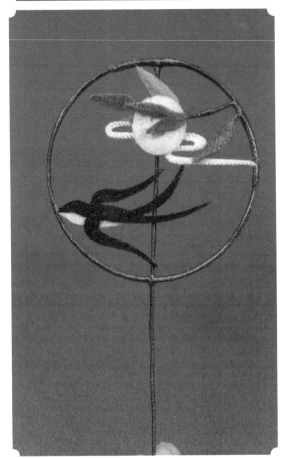

13 全部绑完后打结并剪去多余的绒线，在线头上涂胶固定，小燕子直接在重叠的地方涂胶粘贴，这样就完成了燕子团扇的制作。

二 锦鲤团扇

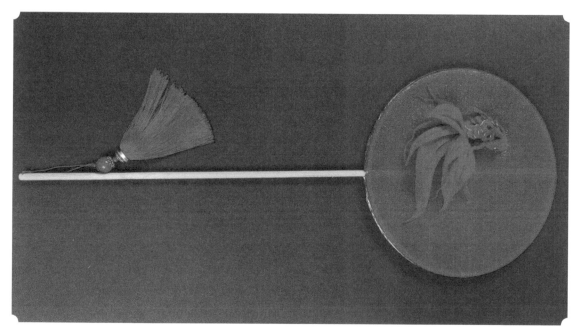

前期准备

斜口钳、尖嘴钳、圆嘴钳、直径为 0.5mm 的金色铜丝、夹板、红色 qq 线、胶水、直径为 6mm 的红色扭扭棒、剪刀、红色小珠团扇

制作演示

  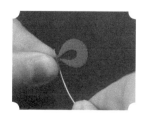 

01 用夹板将红色扭扭棒夹平之后，将两端修剪好并弯折，用金色铜丝来绑扭扭棒。

 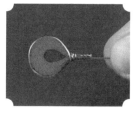 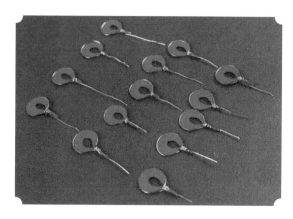

02 用金色铜丝将一端绑紧后，再将铜丝从扭扭棒上方绕过回到下方，然后绑紧，锦鲤的鱼鳞就完成了。用相同的方法制作所有鱼鳞。

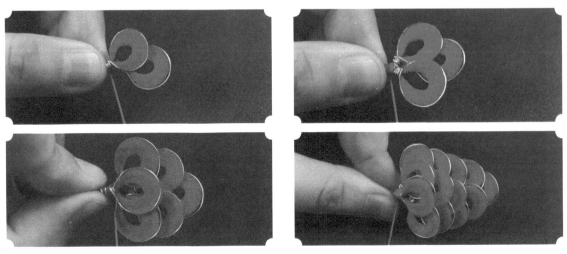

03 用红色 qq 线组装锦鲤身体，从最下面的尾部开始，分层叠加鳞片，从底层到顶层由 1 至 4 片依次叠加。最后捆绑在一起的部分不要剪掉，一会儿组合时需要用到。

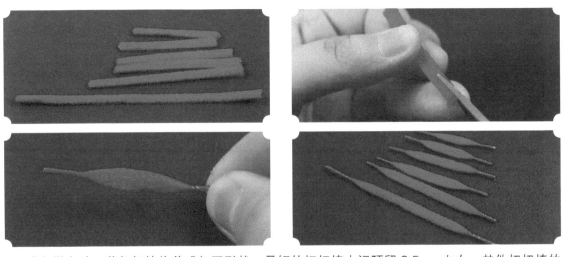

04 准备做鱼头，将扭扭棒修剪成如图形状，最短的扭扭棒中间预留 2.5cm 左右，其他扭扭棒的预留长度依次递增，最后一根预留 9cm 左右，注意所有扭扭棒的两头一定要预留长一点才好捆绑。

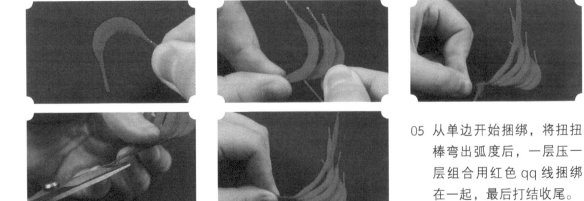

05 从单边开始捆绑，将扭扭棒弯出弧度后，一层压一层组合用红色 qq 线捆绑在一起，最后打结收尾。

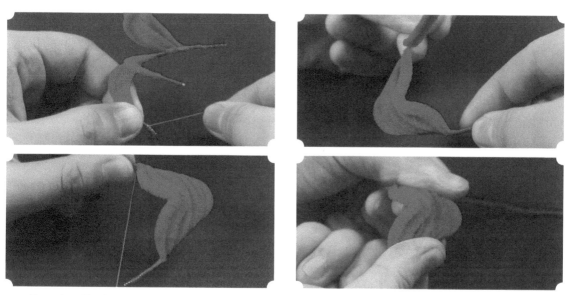

06 另一边一样,将最后一根扭扭棒弯折成如图形状做出鱼鳃。全部绑好后,弯折整体成一个拱形。

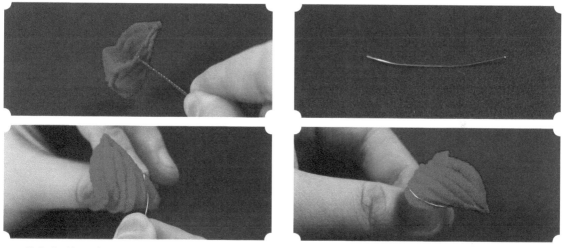

07 将扭扭棒两端向内弯折 90° 扭在一起,在第一层和第二层之间加一根铜丝,将铜丝两端扣在
　　扭扭棒上分出鱼嘴。

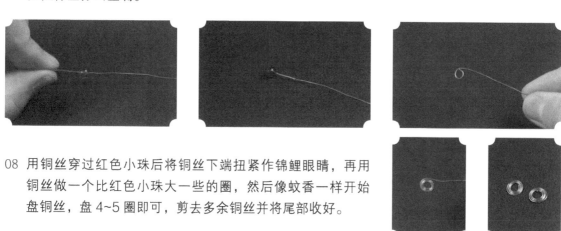

08 用铜丝穿过红色小珠后将铜丝下端扭紧作锦鲤眼睛,再用
　　铜丝做一个比红色小珠大一些的圈,然后像蚊香一样开始
　　盘铜丝,盘 4~5 圈即可,剪去多余铜丝并将尾部收好。

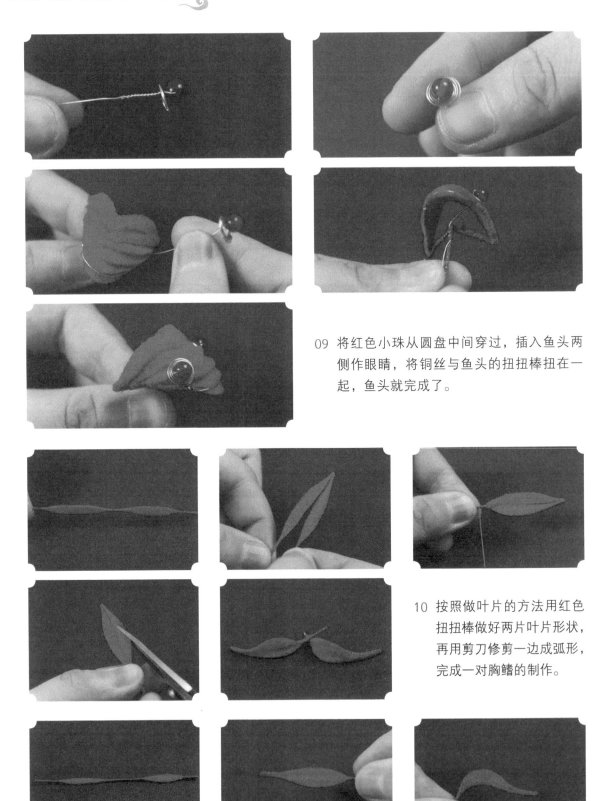

09 将红色小珠从圆盘中间穿过，插入鱼头两侧作眼睛，将铜丝与鱼头的扭扭棒扭在一起，鱼头就完成了。

10 按照做叶片的方法用红色扭扭棒做好两片叶片形状，再用剪刀修剪一边成弧形，完成一对胸鳍的制作。

11 背鳍在最初修剪的时候，将中间预留长一些，最后绑好后如图进行弯折。

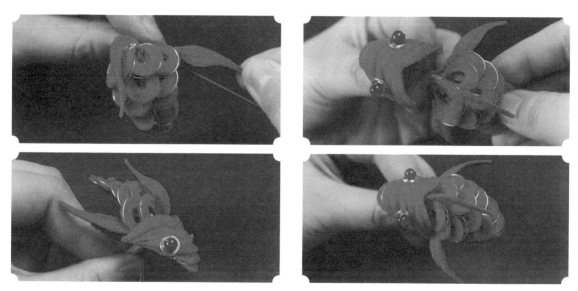

12 依次安装一对胸鳍和背鳍，将预留的扭扭棒金属丝都和身体捆绑在一起；再将头部组合在一
    起，调整形状，用头部盖住身体前端。

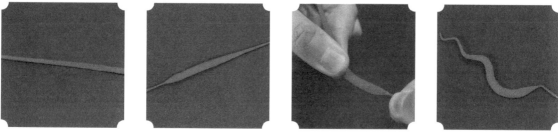

13 第一种鱼尾需要用到尖头和圆头的修剪方法，也就是剪刀靠近扭扭棒一些，扭扭棒最后修剪
    出来的效果就会尖一些。鱼的尾部都用尖头的修剪方法，上面组合的部分都用圆头的修剪方
    法，然后再弯折出自己想要的形状。

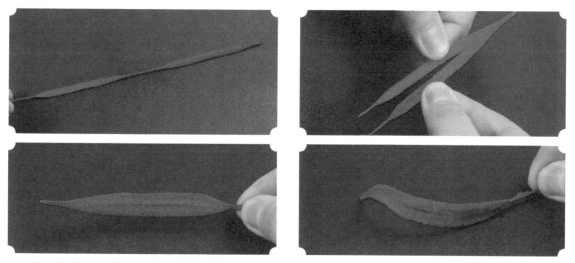

14 第二种粗一点的鱼尾用一整根长扭扭棒修剪成上面第一张图所示形状后，合拢即可，调整形
    状的时候可以将其稍作扭转，这样尾巴会更灵动。

15 第三种最粗的鱼尾要单独剪一根长扭扭棒和一根弯折捆绑好的扭扭棒，然后组合在一起，最后小心地在中间涂胶粘贴。

16 用剪刀修整形状，最后用手指弯折调整造型。

17 依次组合所有鱼尾，注意要有上下两层，中间长一些，两边短一些。

18 组合尾巴和身体，在身体
最后一片鱼鳞处涂胶遮住
捆绑的地方，这样就完成
了整只锦鲤的制作。

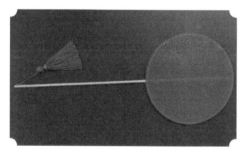

19 准备好团扇，将锦鲤捆绑合拢的地方用圆嘴钳弯折，再将其藏在锦鲤的身体内。

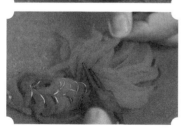
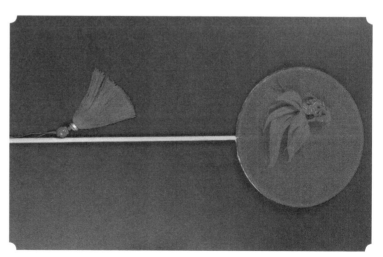

20 涂胶将鱼粘贴在团扇上，再调整尾巴和局部形态即可。

三 翠鸟摆件

前 期 准 备

棕色绒线、眼睛配件、直径为
6mm 的蓝绿色扭扭棒、直径为
6mm 的浅蓝色扭扭棒、直径为
6mm 的深蓝色扭扭棒、直径为
6mm 的中黄色扭扭棒、夹板、
胶水、剪刀、圆嘴钳、斜口钳、
直径为 0.5mm 的铜丝

制作演示

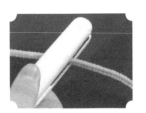   

01 用夹板将蓝绿色扭扭棒夹平后，取 2cm 左右的小段，修剪成上图样式作羽毛，羽毛的长度为
   1.5cm 左右。

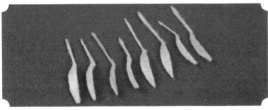 

02 用相同的方法准备蓝绿色和中黄色的羽毛，再将其弯折成拱形作翠鸟头部的羽毛，然后以图
   片中的摆放顺序进行组装。

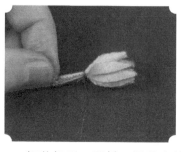 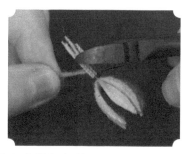 

03 组装好后，用斜口钳剪去前端多余的扭扭棒，留一根作翠鸟嘴部。

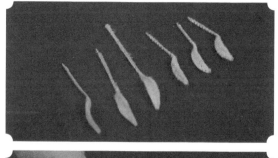 

04 再叠加一层羽毛，第二层要小一些，组合的时候羽毛颜色与第一层对应。

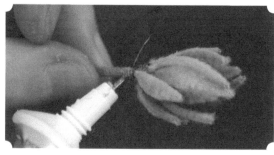 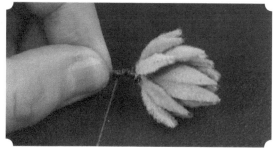

05 剪去多余的扭扭棒，再涂胶加入棕色绒线，捆绑成嘴巴的样子。

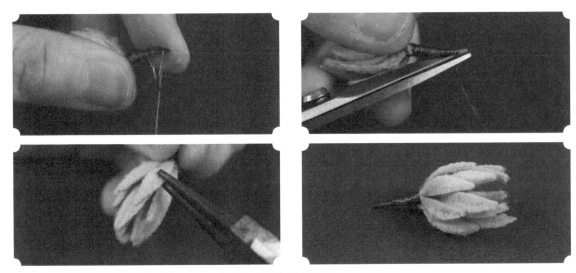

06 收尾的地方一定要涂胶绕两圈再打结，以防绒线滑落。

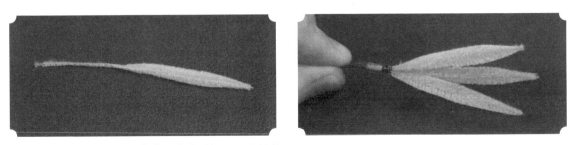

07 最长的尾巴为 3 片浅蓝色扭扭棒，羽毛长约 6cm。

08 身体上最长的羽毛为 5 根深蓝色扭扭棒的组合，下面两根长一些，上面 3 根短一些，羽毛长约 4cm。

09 准备两组 3 根一组的蓝绿色扭扭棒，作为翅膀，羽毛长度为 5cm 左右。身体上的短羽毛为蓝绿色，以 3 片组合，羽毛长约 2cm。

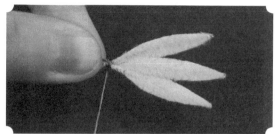

10 肚子上的羽毛为中黄色 6 片组合，长的一层羽毛长度为 2.5cm 左右，短的一层为 2cm 左右。羽毛就准备好了。

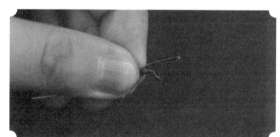

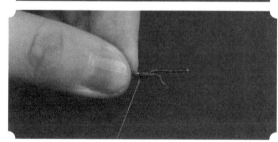

11 翠鸟脚的制作，取一长一短两根铜丝，先缠上棕色绒线，然后在长铜丝 1cm 的位置加入另一根铜丝，再一起捆绑到 4cm 左右的位置涂胶、打结结尾。

12 组合所有零件，从最长的尾巴、深蓝色身体到浅蓝色身体，依次捆绑。

13 两侧加入翅膀，下端加入双脚捆绑紧后，再在脚上覆盖肚子羽毛。

14 准备6片1cm左右的蓝绿色小羽毛，将身体前端覆盖一圈。

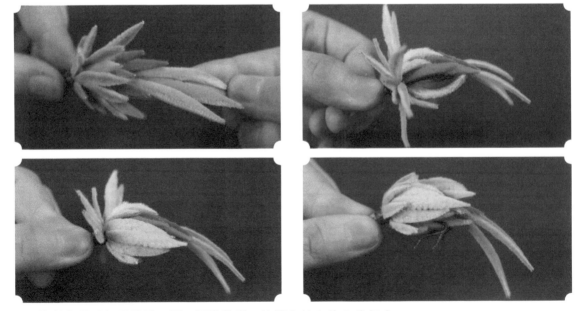

15 将所有羽毛打开然后一层一层地整理，让翠鸟的身体立体起来。

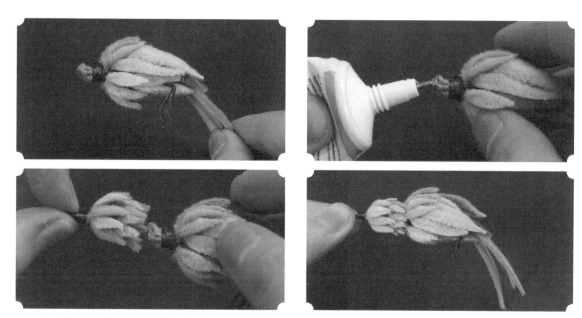

16 剪去翠鸟脖子上多余的扭扭棒，用胶水将做好的翠鸟头部粘贴到脖子上。

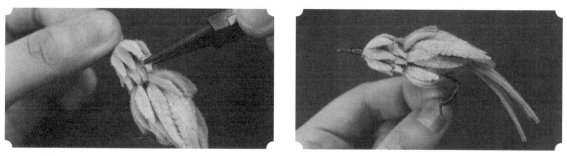

17 调整翠鸟头部形态，整理每一片羽毛。这里用圆嘴钳调整，利用圆嘴钳的弧度使羽毛拱起来，遮住脖子的衔接处。

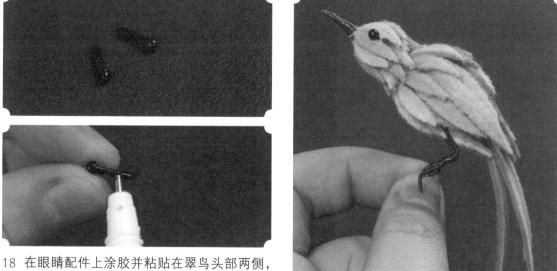

18 在眼睛配件上涂胶并粘贴在翠鸟头部两侧，这样就完成了翠鸟摆件的制作。

四 麋鹿摆件

前 期 准 备

直径为 6mm 的白色扭扭棒、
直径为 6mm 的红色扭扭棒、
白色 qq 线、夹板、剪刀、钢
丝、金色绒线、尖嘴钳、胶水、
打火机

制作演示

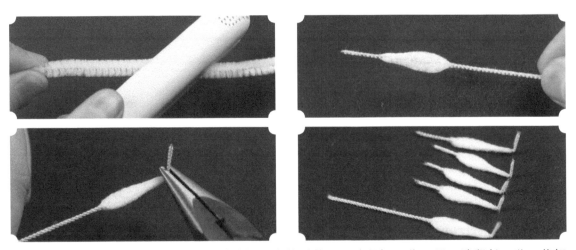

01 用夹板将白色扭扭棒夹平，再修剪成如图中的形状，一端留短一些，另一端留长一些；将短
   的那头扭扭棒全部弯折 90°。

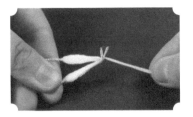

02 将弯折 90° 的扭扭棒组合，用白色 qq 线捆绑在一起，一边绑一边添加。

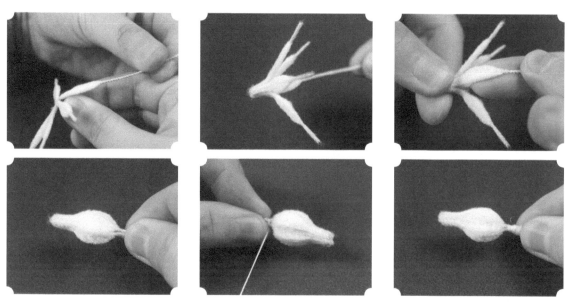

03 捏住最长的扭扭棒，将葫芦形全部反折回来包裹起来。调整形状，将前端扭紧，后端拱起来围成一个圆形。调整好形态后，将末端全部绑在一起，小鹿头部形状就制作完成了。

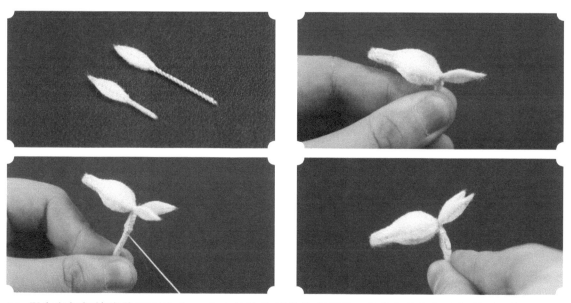

04 用白色扭扭棒修剪出两片 1cm 左右的叶片形状作小耳朵，将其与头部组合捆绑到一起。

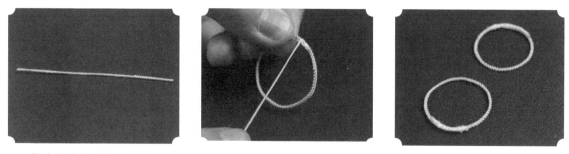

05 将白色扭扭棒的毛修剪干净，做两个直径 3cm 左右的圈，3mm 即鹿身体的直径。

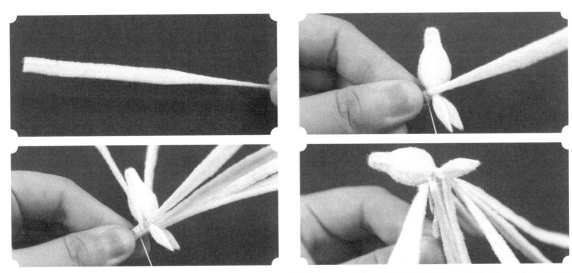

06 将白色扭扭棒夹平后剪出 8cm 的小段，如图修剪出一端尖一端平的形状；将尖的一头与头部组合，方向朝上围一圈绑在鹿头下方，再反折回来。

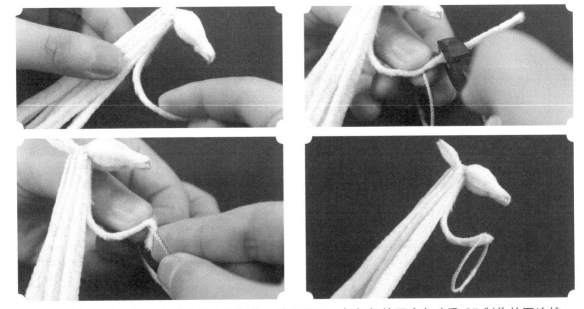

07 将所有扭扭棒聚拢，完成鹿脖子的制作；然后再逐一把扭扭棒下方与步骤 05 制作的圈连接，将扭扭棒直接弯折扣紧就好。

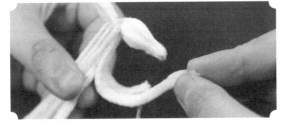

08 每一根扭扭棒的弧度和长度都不同，根据形态调整，但是要注意每一根之间不要留缝隙。

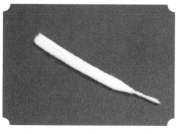 

09 用步骤 06 的方法修剪鹿身体后端所需的扭扭棒，将尖头全部绑在一起。

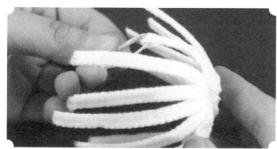 

10 依次将扭扭棒向内翻，并用步骤 07 的方法将其扣在另一个圆圈上，完成鹿身体后半部分的制作。

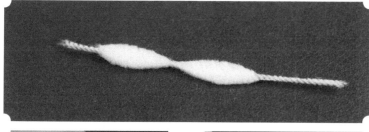 

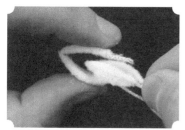  

11 将白色扭扭棒修剪成如图形状，用相同的方法准备两对；然后扣在一起，将下端绑紧，完成尾巴的制作。

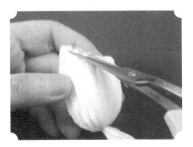

12 将尾巴安装到身体尾部的聚拢点，将身体圆圈位置的毛修剪平整，为组合做准备。

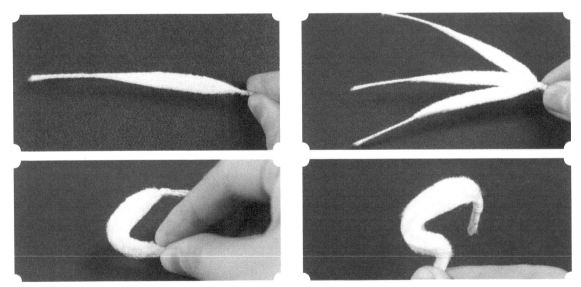

13 如图修剪出3根柳叶形白色扭扭棒，将胖的一头绑在一起，下端弯折做出大腿的造型，并继续弯出小腿。

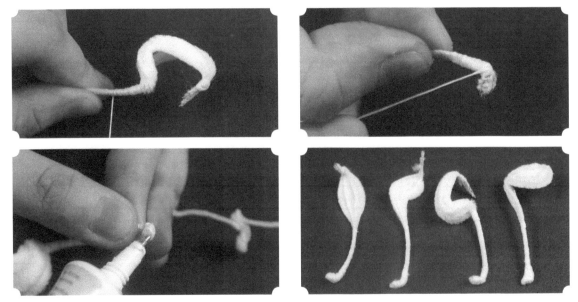

14 下端用白色qq线全部捆绑覆盖，将扭扭棒下端弯折出小钩作为鹿蹄，给蹄涂胶后用白色qq线继续缠绕，最后涂胶打结收尾。用相同的方法完成所有鹿腿的制作。

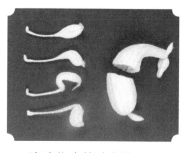 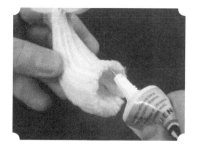 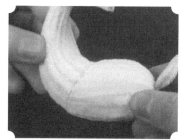

15 涂胶依次粘贴身体。

16 四肢的位置先确定好，然后再涂胶粘贴，麋鹿的基础形就出来了。

 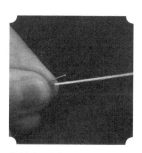  

17 制作鹿角，先用金色绒线捆绑钢丝，一共准备3段。

18 将3段捆绑好的钢丝组合，一边添加一边捆绑，完成鹿角的制作。

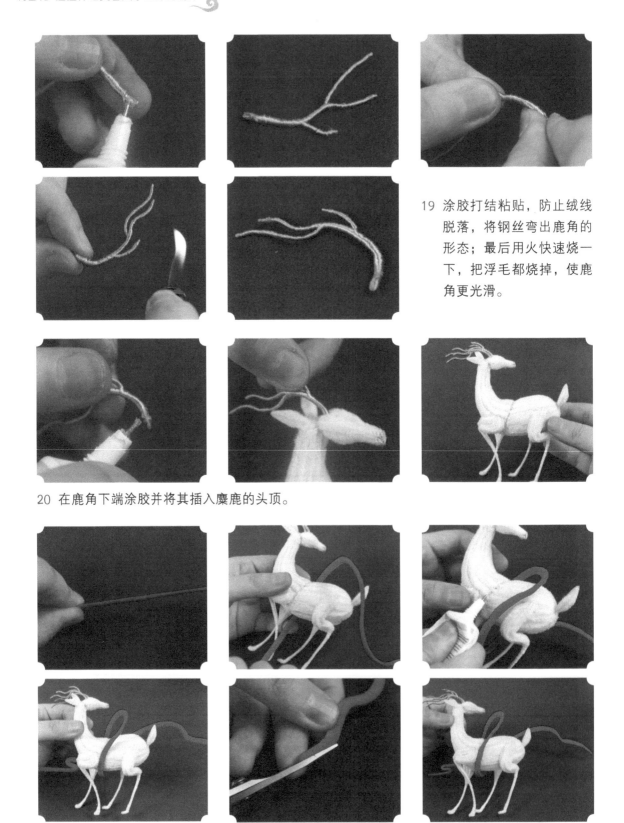

19 涂胶打结粘贴，防止绒线脱落，将钢丝弯出鹿角的形态；最后用火快速烧一下，把浮毛都烧掉，使鹿角更光滑。

20 在鹿角下端涂胶并将其插入麋鹿的头顶。

21 将红色扭扭棒夹平后，弯出丝带的样式，顺势遮住小鹿粘贴的接口，将丝带两头修剪得细一些，彰显丝带的灵动。

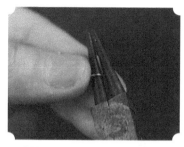

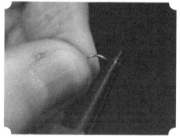
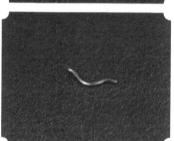

22 取一小段钢丝，用圆嘴钳
　　将其弯成眼睛的形状。

23 涂胶粘贴眼睛，这样就完成了麋鹿摆件的制作。

五 仙鹤摆件

前期准备

直径为 6mm 的黑色扭扭棒、
直径为 6mm 的绿色扭扭棒、
直径为 6mm 的红色扭扭棒、
直径为 6mm 的白色扭扭棒、
夹板、白色 qq 线、棕色绒线、
黑色 qq 线、钢丝、剪刀、尖
嘴钳、摆件主体、胶水、斜
口钳

制作演示

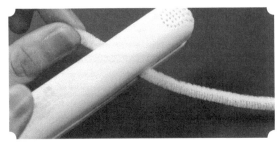

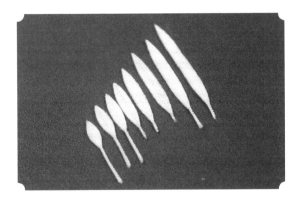

01 将白色扭扭棒夹平之后，修剪出羽毛的形
状，其长度依次从 1cm 左右递增到 7cm
左右。

02 从最长的羽毛开始组装翅膀，每加一片就要用白色 qq 线绑紧。

03 添加羽毛的时候记得把前
端弯折，或者事先弯折也
是可以的。继续添加羽毛。

04 尾端再绑 1cm 左右，打结收尾，涂胶固定线头，完成第一层翅膀的制作。

05 准备羽毛如图，其长度从 0.6cm 左右到 3cm 左右不等；同第一层翅膀的制作方法相同，依次绑紧，完成第二层翅膀的制作。将两层翅膀的下端绑在一起。

06 取两根长度刚好遮住翅膀上端的白色扭扭棒，将其剪成羽毛形状并固定到翅膀上端，使翅膀更好看一些。

07 将最上面的羽毛和下端的扭扭棒绑在一起，剪去多余的扭扭棒。

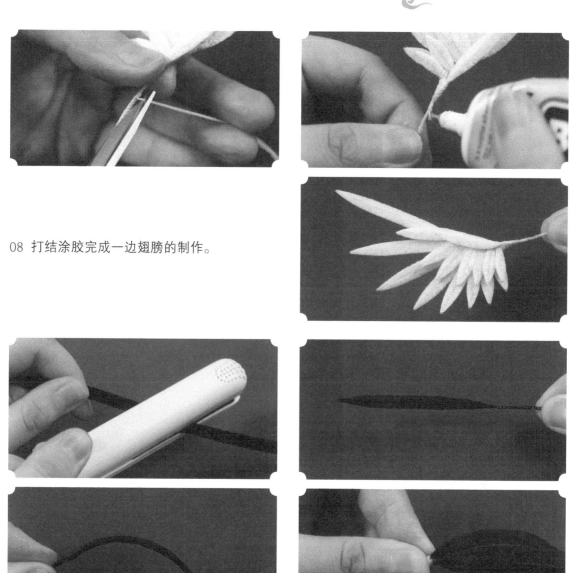

08 打结涂胶完成一边翅膀的制作。

09 将黑色扭扭棒夹平之后，用剪刀将其修剪成 8cm 左右的羽毛形状。将羽毛弯出弧度，组合 3
　　根同样长的羽毛作为尾巴最长的部分。

10 加 4 根 5cm 左右的黑色羽毛，作为尾巴上面一层的羽毛。

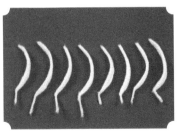 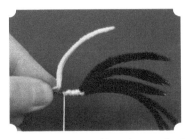 

11 用同样的方法准备 8 根 5cm 左右的白色羽毛，将黑色尾巴包裹一圈。

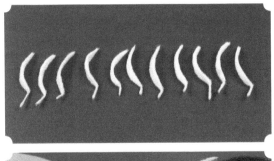 

12 准备 11 根 3cm 左右的白色羽毛，用其在刚才的白色羽毛外再包裹一圈，完成鹤身体的制作。

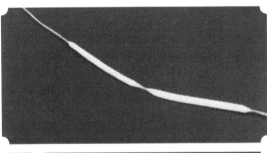 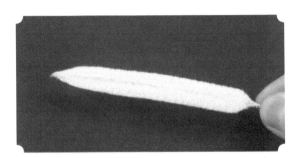

 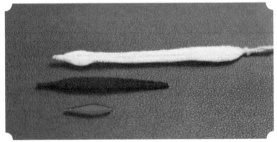

13 剪出 16cm 长的白色扭扭棒，修剪两端为圆角，然后平行对折，将前端修剪成水滴形作鹤的头部；再准备 6cm 左右的黑色扭扭棒，将其修剪成羽毛形状；取红色扭扭棒修剪成头顶羽毛。

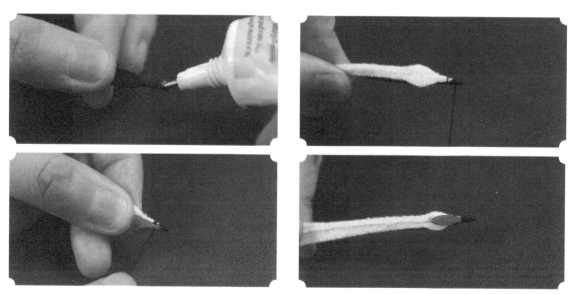

14 在黑色羽毛前端涂胶粘贴白色头部，趁胶水没干添加黑色 qq 线，绑两圈后添加头顶红色羽毛，继续缠绕 3mm 左右作为嘴巴。

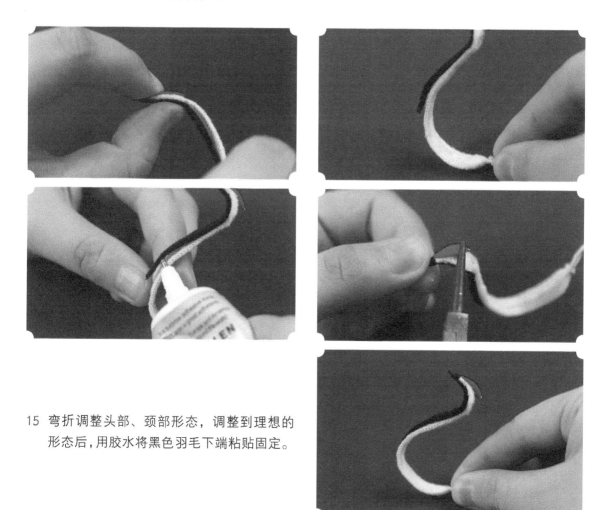

15 弯折调整头部、颈部形态，调整到理想的形态后，用胶水将黑色羽毛下端粘贴固定。

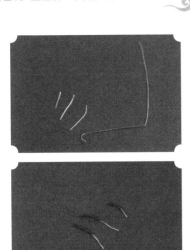

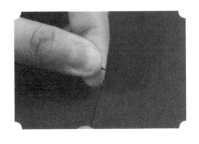

16 准备 3 段短的钢丝，一段长的钢丝，将长钢丝弯出鹤腿的形状后，分别给 4 段钢丝缠绕黑色 qq 线作为爪子备用。

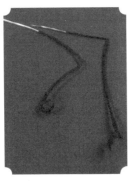

17 组合爪子和腿，下端添加两根爪子，另一根在稍微上面一点的位置添加，然后继续向上绑线，最后涂胶、打结固定。

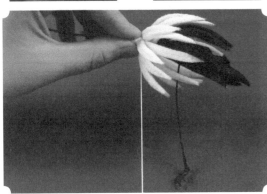

18 调整鹤双腿的形态后添加身体，用白色 qq 线绑紧。

19 到这里丹顶鹤的部件元素已经都准备好，用斜口钳剪去身体前端的扭扭棒，将其与丹顶鹤脖子的后方重叠。

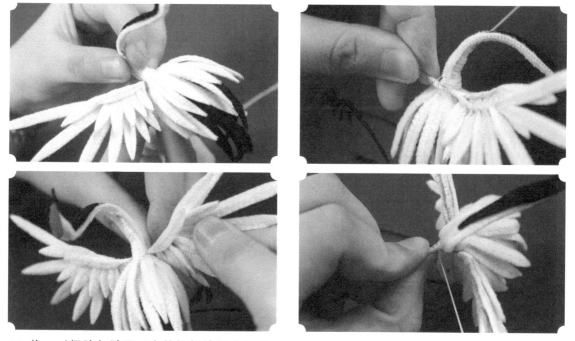

20 将一对翅膀与脖子下方的扭扭棒组合捆绑。

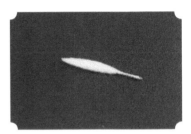

21 绑到 1cm 左右将 qq 线涂胶、打结，剪去多余扭扭棒及 qq 线；再剪出一片稍长一点的羽毛并将其与脖子下方的扭扭棒断口绑紧。

22 将羽毛与断口捆绑在一起后，将羽毛折过来盖住断口，继续用胶去补一些需要固定的地方，鹤摆件就制作完成了。

六 花旦帽子

前期准备

直径为 6mm 的红色扭扭棒、
直径为 6mm 的蓝色扭扭棒、
银色金葱扭扭棒、胶水、斜口
钳、玫红色小绒球、红色小珠、
珍珠、玫红色小流苏、水滴
形珍珠、小珍珠、红色小米珠、
粉色半圆小珠、花形珍珠、
尖嘴钳、铜丝、剪刀

制作演示

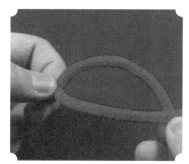

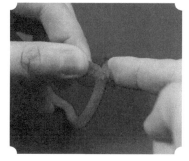

01 将扭扭棒折成眼睛形状，
在交接的地方剪去多余扭
扭棒并扭紧。注意，接头
处的金属丝一定要藏好以
免划伤手。

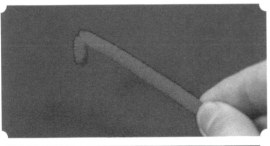

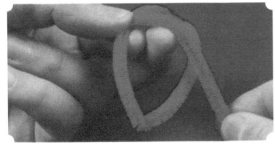

02 另拿一根红色扭扭棒，将其前端做一个小钩，一端扣住压紧并弯出弧度后来到另一边，用斜口钳剪去多余的扭扭棒。

03 将尾端扣在另一边的框架上即可，用同样的办法一共架起3条框架。

04 另取一根扭扭棒扣住一端，将其尾部绕到第二根框架后从缝隙拉回并整理，完成一次编织。

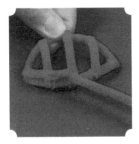
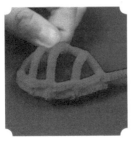

05 一直编织到另一头后剪去多余的扭扭棒，将编织好的扭扭棒的尾端压紧并隐藏到后面。

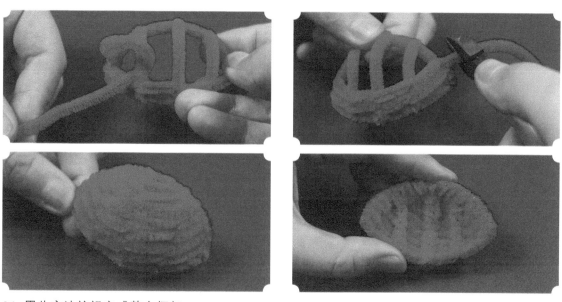

06 用此方法编织完成整个框架。

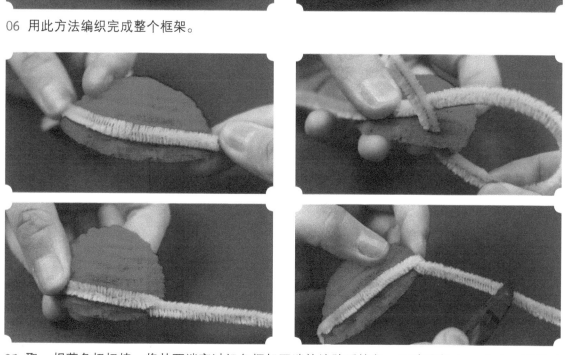

07 取一根蓝色扭扭棒，将其两端穿过红色框架两端的缝隙后拉紧，下端预留 4cm 左右，用斜口
钳剪去多余的扭扭棒。

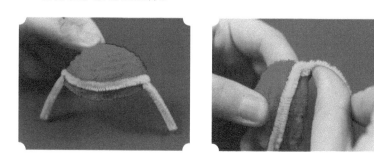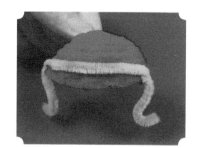

08 将两边的蓝色扭扭棒弯出弧度，最后将尾端向上钩。

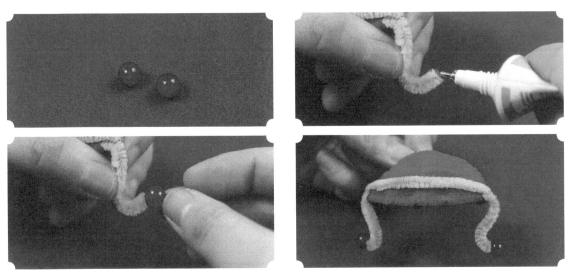

09　取出两颗红色小珠，在蓝色扭扭棒的小钩处涂胶并穿上红色小珠。

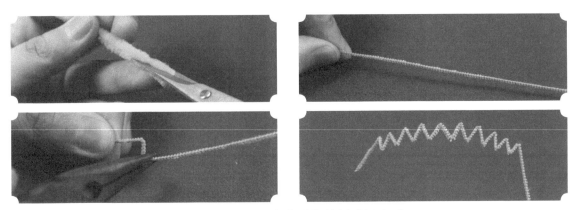

10　用剪刀把蓝色扭扭棒的绒毛修剪干净，用尖嘴钳将其折成锯齿形。

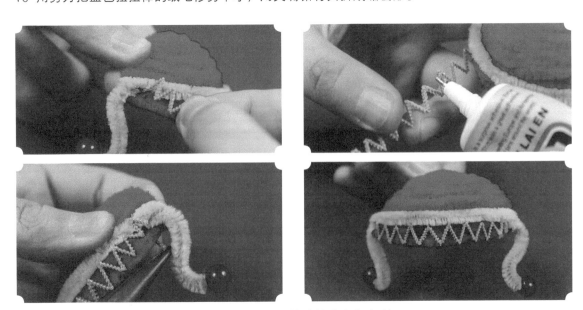

11　在锯齿形的扭扭棒上涂胶，将其粘贴在帽子前端的蓝色扭扭棒下。

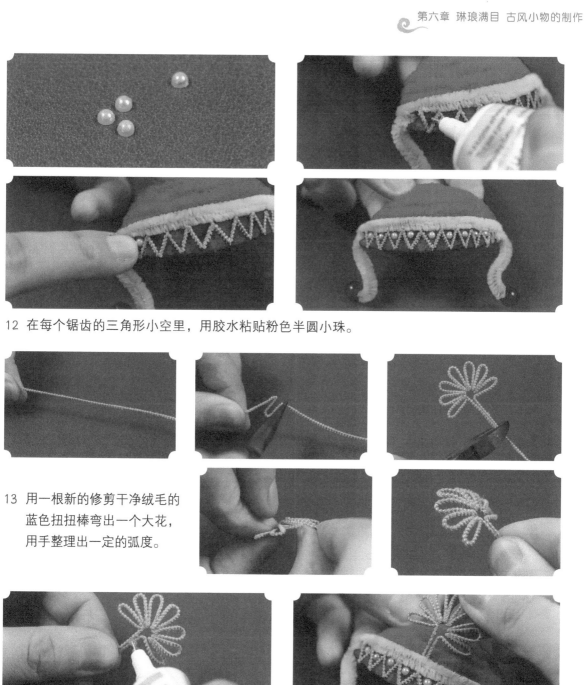

12 在每个锯齿的三角形小空里，用胶水粘贴粉色半圆小珠。

13 用一根新的修剪干净绒毛的
   蓝色扭扭棒弯出一个大花，
   用手整理出一定的弧度。

14 在大花下端涂胶，并将其插入帽子中间，粘贴紧不脱落就可以了，在帽子后面将扭扭棒扣住。

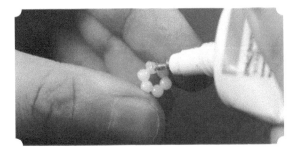

15 在花形珍珠背面涂胶并将其粘贴在刚刚的大花中间，进行装饰。

16 在花形珍珠中间再粘贴一颗小珍珠，让花显得更加精致好看。

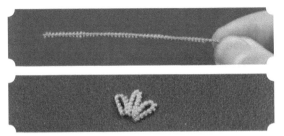
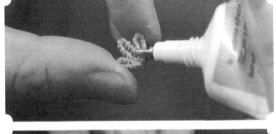

17 如图，将修剪干净绒毛的蓝色扭扭棒弯成像小山一样的小花，一共需要4朵花，将它们分别
粘贴在刚刚制作好的大花两边。

 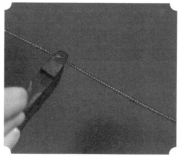 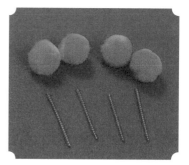

18 用剪刀把红色扭扭棒的绒毛修剪干净后，截取 4 根 3cm 长的小段，再准备 4 颗玫红色小球。

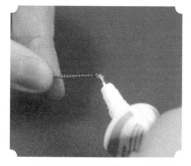 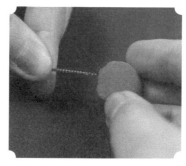 

19 在小段扭扭棒的一端涂胶，将玫红色小球粘贴牢固。

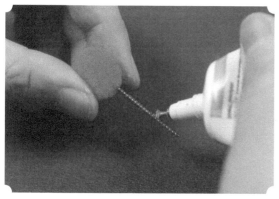 

20 在另一端涂胶并将其逐一插入帽子顶端，将下端直接弯折压紧。准备更多的小球，注意小球
　　一共分两排，都呈弧形插放，第二排比第一排高一些。

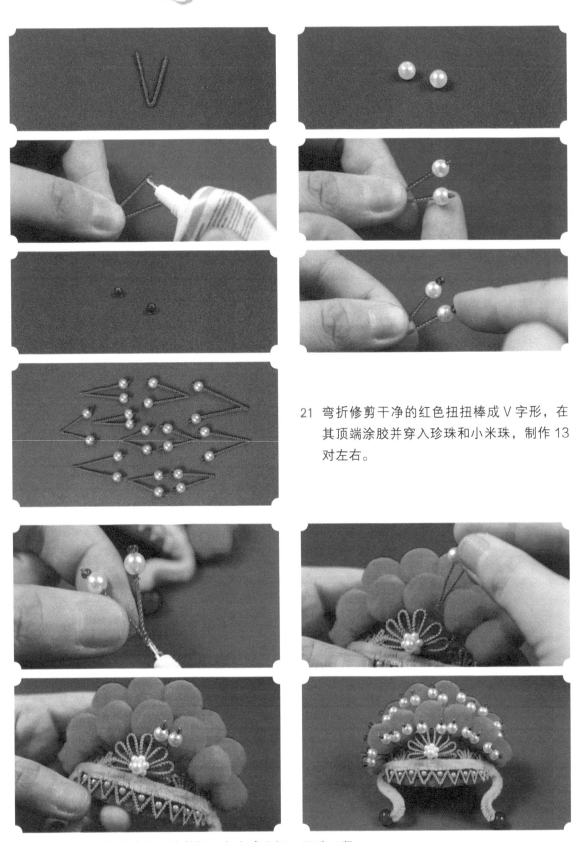

21 弯折修剪干净的红色扭扭棒成 V 字形，在其顶端涂胶并穿入珍珠和小米珠，制作 13 对左右。

22 在 V 字部件底端涂胶，将其插入各小球之间，下端压紧。

  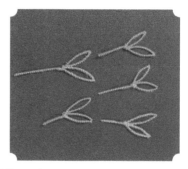

23 用修剪干净绒毛的蓝色扭扭棒做成上图所示的兔耳朵，一共制作 5 对。

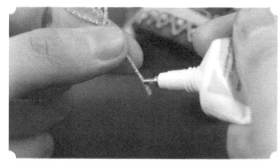 

24 在兔耳朵状的扭扭棒下端涂胶，并将其插入第二排珍珠的间隙中。

25 用修剪干净绒毛的蓝色扭
扭棒做两个 5 瓣小花。

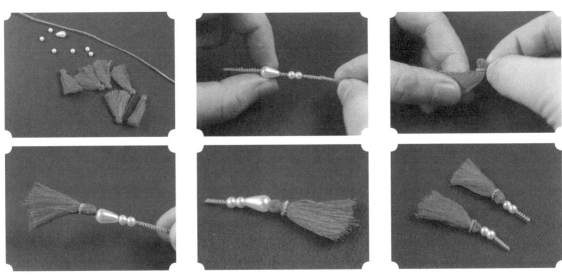

26 用修剪干净绒毛的蓝色扭扭棒依次穿过两颗小珍珠和一颗水滴形珍珠，下端在小流苏顶端绕一圈。用相同的方法再做两个流苏坠子，但要去掉水滴形珍珠。

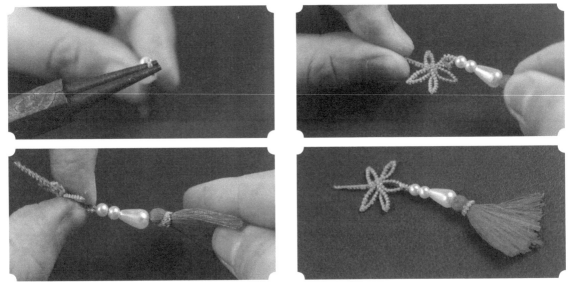

27 将准备好的流苏坠子依次挂在 5 瓣的小花上，注意居中位置挂上有水滴形珍珠的坠子。

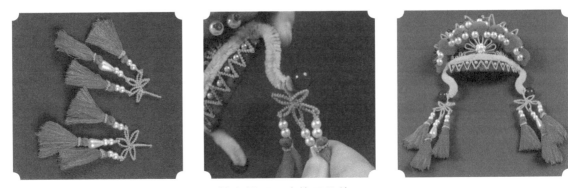

28 两边挂小珍珠坠子，最后将花朵挂在帽子两边的耳朵处。

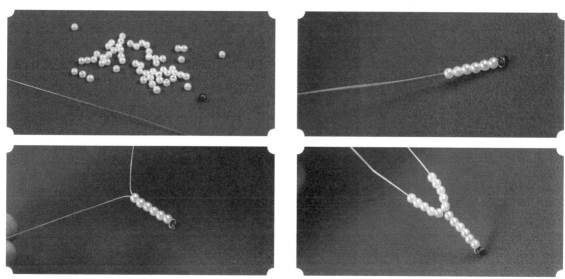

29 用铜丝穿过一颗红色小米珠后合并，再串 6 颗小珍珠，打开铜丝后左右两边分别再串 5 颗珍珠。

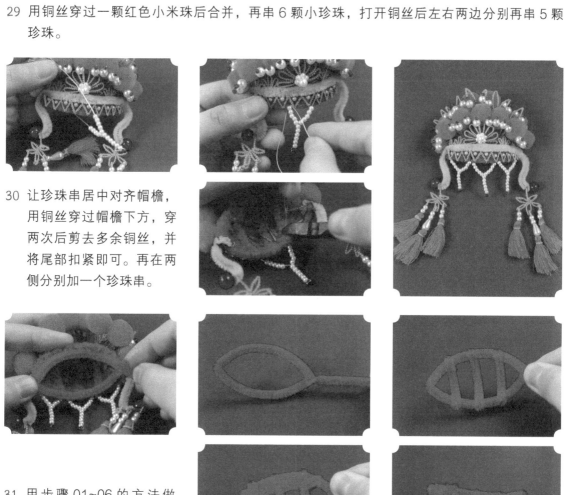

30 让珍珠串居中对齐帽檐，用铜丝穿过帽檐下方，穿两次后剪去多余铜丝，并将尾部扣紧即可。再在两侧分别加一个珍珠串。

31 用步骤 01~06 的方法做好一个底托。

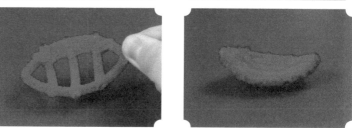

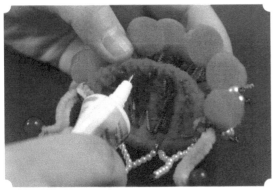

32 在帽子内部涂胶粘上红色底托，将所有的铜丝和扭扭棒背面遮住。

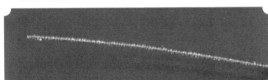

33 将银色金葱扭扭棒剪去纤维，装饰在帽子前方，完成花旦帽子的制作。